"十四五"职业教育国家规划教材

"十三五"职业教育国家规划教材

21世纪机电类专业系列教材

机械制图教学工作页

第2版

主　编　闫文平

副主编　朱　楠　戚文革

参　编　贾志远　黄海彬　管世该

主　审　金　晶

U0217018

机械工业出版社

本书是"十三五""十四五"职业教育国家规划教材修订版。本书按照行动导向、任务驱动形式组织教和学的内容。全书分为两部分：第1部分是任务单及工作页，含10个项目；第2部分是作业题、测试和综合练习，对标国赛及职业技能等级证书。教学内容以方形垫片、带螺纹孔的正六棱柱、台阶轴、带锥度的台阶轴、交换齿轮架轴、滚动轴承车轴零件图的识读与绘制为载体，引导学生了解和掌握机械制图国家标准中的相关规定、视图表达的基础知识；以一级直齿圆柱齿轮减速器的测绘为载体，引导学生了解和掌握测绘的目的和意义；通过测绘组成一级直齿圆柱齿轮减速器的各个零件，引导学生认识标准件，掌握标准件的标记和画法；认识直齿圆柱齿轮，掌握它的各个要素、参数和视图表达方案；通过对一级直齿圆柱齿轮减速器中输出轴，端盖，上、下箱体等零件的测绘，促使学生进一步掌握零件图的内容和作用，巩固视图表达方案的选择；通过对一级直齿圆柱齿轮减速器中从动齿轮组件装配图的绘制，引导学生掌握装配图的内容以及装配图的表达特点，为机械类专业后续课程的学习奠定基础。本书立体化配套齐全，配有微课视频、PPT、习题答案及试卷等，使用本书作为教材的教师可登录机械工业出版社教育服务网 www.cmpedu.com 注册后下载。咨询电话：010-88379534，微信号：jjj88379534，公众号：CMP-DGJN。

本教学工作页不仅可供中、高等职业院校的机械加工技术、机电一体化、数控技术、增材制造技术、模具设计与制造等专业师生使用，还可供工程技术人员参考。

图书在版编目（CIP）数据

机械制图教学工作页／闫文平主编．--2版．

北京：机械工业出版社，2024.9（2025.5重印）．--（21世纪机电类专业系列教材）．-- ISBN 978-7-111-76577-6

Ⅰ. TH126

中国国家版本馆 CIP 数据核字第 2024KB5396 号

机械工业出版社（北京市百万庄大街22号 邮政编码100037）
策划编辑：王晓洁　　　　　　责任编辑：王晓洁
责任校对：梁　园　王　延　　封面设计：陈　沛
责任印制：单爱军
北京虎彩文化传播有限公司印刷
2025年5月第2版第3次印刷
184mm×260mm·10.5印张·277千字
标准书号：ISBN 978-7-111-76577-6
定价：45.00元

电话服务　　　　　　　　　　网络服务
客服电话：010-88361066　　　机 工 官 网：www.cmpbook.com
　　　　　010-88379833　　　机 工 官 博：weibo.com/cmp1952
　　　　　010-68326294　　　金 书 网：www.golden-book.com
封底无防伪标均为盗版　　机工教育服务网：www.cmpedu.com

序

　　课程育人是职业教育培养学生全面发展的重要途径之一。在专业基础课"机械制图"的课堂上如何实现有效教育是任课教师一直研究的课题。在充分用好课堂主阵地，实现课程育人理念的引领下，借鉴德国双元制职业教育的成功经验，吉林铁道职业技术学院闫文平教授对"机械制图"课程的教学内容设计和教学模式设计进行了大胆的改革尝试，把"机械制图"课程原有的知识体系进行解构，设计、选择具有代表性的教学载体，再将"机械制图"课程的知识体系重新架构，使学习者在完成由简单到复杂的零件图样识读和部件测绘的过程中，机械图样识读能力得到稳步提升。与此同时，学习者的综合素养也有显著提高。此教学成效主要得益于教学实践改革过程中凝练出的教学辅助工具，即结合机械制图课程目标、机械制图教材和国家相关标准开发的由机械识图基础和零部件测绘构成的机械制图教学工作页。现将这一实践成果总结、整理，形成了这本"教、学、做"一体，符合教学规律的行动导向活页式教材。

　　本书的教学内容设计是在微组织教学模式"教与学"的行动逻辑指导下完成的。教学实施设计也是在微组织教学模式引领下完成的。微组织教学模式是行动导向教学具体实施中运用的一个具体化方法，由项目导入、任务发布、任务实施、检查纠错、结果评价五个环节构成，其本质特征是：针对问题，师生之间建立即时反馈系统。要求教师要具有对问题察之入微的敏感性，针对每个问题做出"即时反馈"。微组织教学模式实施过程中要求对任何一个知识点、技能均做到"一点一讲一练一确认"。

　　"微组织"有两个含义，一个是教学任务之微，另一个是教学实施组织之微。微组织教学模式的精髓是对任何一个学习者的任何一个教学环节、任何一个问题均持续行动、纠错、结果确认。微组织教学模式实施过程中的五个关键要素为：谁（学习者）、问题（学习的内容）、标准（正确行动或者正确结果的标准）、过程（学习者的学习过程）、结果（依据标准确认结果是否正确，如不正确，采取各种方式纠错）。微组织教学模式的主要驱动力是教师的引导，而非任务，亦非项目的引导，是在教师的推动下，以工作页为抓手，师生一同行动实现的"知识、能力和素质"一体化生长。本教学工作页在教学实施中充分体现了教师教和学生学的逻辑关系，符合教学的认知规律。

　　希望本书能够为机械制图教学工作提供借鉴，达成机械制图课程的教学目标。

戚文革

前　言

本书全面落实党的二十大报告关于"实施科教兴国战略，强化现代化建设人才支撑""深入实施人才强国战略"等重要论述，明确把培养大国工匠和高技能人才作为重要目标，大力弘扬劳模精神、劳动精神和工匠精神，深入产教融合，校企合作，为全面建设技能型社会提供有力人才保障。

本书第 1 版于 2019 年出版，2020 年被评为"十三五"职业教育国家规划教材，经过 8 次印刷，内容不断充实和完善，在装备制造大类的机械设计与制造、数控技术、模具设计与制造、铁道机车车辆制造与维护等专业的教学中发挥了很大的作用，取得了较好的口碑，受到了广大读者的欢迎和好评，并于 2022 年荣获吉林省第十二届教育科学优秀成果奖著作类三等奖，2023 年被评为"十四五"职业教育国家规划教材和吉林省优质教材。

为充分发挥本书在教书育人中的作用，编者在第 1 版的基础上进行了完善修订。为充分展现职业教育行动导向项目驱动、任务引领的教学模式，将原有的"学习情境"修订为"项目"；为方便广大师生学习，在原有内容基础之上，将机械制图中的识图、绘图、测绘等基础知识和常用的部分国家标准以附录的形式，嵌入在电子辅助资源里；为拓宽适用领域，增加了铁路行业机车设备等零部件的图样识读与绘制教学内容；为保持延续性及原有的读者层次，本次修订在保持原有版式和特点的基础上，完善了教学课件、微课、动画、习题和试卷等资源，通过二维码索引的方式使本书更加丰富多彩，可以更好地辅助教学。

为了进一步优化素质教育，更好地培养学生的爱国主义精神、职业道德和工匠精神，在每个项目前加上一个与课程教学相关的课前导读，读者可扫码阅读。

为了更好地与"大学生先进技术与产品信息建模创新大赛"相结合，同时也使教材内容接近实际应用，本书还增加了"典型零件测绘综合训练"和"工程实际综合应用案例"两部分内容。

本书全面采用现行技术制图和机械制图国家标准、名词术语，图文并茂，并以双色呈现。

本书共有 10 个项目，吉林电子信息职业技术学院戚文革编写项目 1，朱楠编写项目 2、项目 9；吉林铁道职业技术学院贾志远编写项目 3、项目 4 并参与了文字和插图的排版工作；吉林铁道职业技术学院闫文平编写项目 5～项目 8；一汽大众汽车有限公司管世该编写项目 10 及第 2 部分。本书由吉林铁道职业技术学院闫文平统稿，吉林铁道职业技术学院金晶院长担任主审。

在本书的编写过程中，吉林电子信息职业技术学院戚文革教授负责素质教育内容挖掘和融入，沈阳铁路局吉林机务段黄海彬高级工程师在现行技术制图和机械制图国家标准、名词术语的查阅方面做了大量工作，在此表示感谢。

由于编者水平有限，书中难免存在疏漏之处，恳请读者多提宝贵意见和建议。

编　者

二维码索引

视频名称与二维码	对应任务	视频名称与二维码	对应任务	视频名称与二维码	对应任务
数字书写	抄写表格数字	钳加工过程	导入（1）	几何公差标注	子任务 2-2-4
铅笔尖	导入（1）	三视图概念	导入（3）	倒角画法	子任务 3-1-11
绘图工具	子任务 1-1-2	三视图形成	导入（3）	外螺纹画法	图 3-7
基准符号	子任务 1-2-3	粗糙度画法	子任务 2-1-3	退刀槽概念	子任务 3-3-6
几何公差代号	子任务 1-2-3	绘制正六边形	子任务 2-2-3	移出断面图	子任务 3-3-9
绘制步骤	子任务 1-3-3	图样绘制	子任务 2-2-4	重合断面图	子任务 3-3-12
尺寸标注	子任务 1-3-3	画视图步骤	子任务 2-2-4	平面和曲面	子任务 3-3-14
几何公差标注	子任务 1-3-3	粗糙度标注	子任务 2-2-4	徒手画线 1	子任务 4-1-2
螺纹孔画法	导入（1）	尺寸标注	子任务 2-2-4	徒手等分线	子任务 4-1-2

视频名称与二维码	对应任务	视频名称与二维码	对应任务	视频名称与二维码	对应任务
徒手画线 2	子任务 4-1-2	单个齿轮视图	子任务 5-3-7	全剖视图	子任务 10-2-2
徒手画圆	子任务 4-1-2	齿轮啮合	子任务 5-3-7	全剖视图的应用	子任务 10-2-2
徒手画椭圆	子任务 4-1-2	啮合齿轮视图	子任务 5-3-7	局部剖视图	子任务 10-2-2
减速器装配	项目 5	减速器的组成	导入	局部剖视图应用	子任务 10-2-2
齿轮组件	项目 5	减速器装配图	导入	斜视图	子任务 10-2-7
齿轮种类	子任务 5-2-1	半剖视图	子任务 8-1-6	局部视图	子任务 10-2-7
m 与 z 关系	子任务 5-2-7	半剖视图应用	子任务 8-1-6	斜视图、局部视图应用	子任务 10-2-7
直径测量	子任务 5-3-3	剖视图的标记	子任务 10-2-2	相同结构画法	子任务 10-2-7

辅助电子资源（免费下载网址：www.cmpedu.com）

01 减速器上箱座零件图	06 机械制图基础试卷
02 减速器下箱座零件图	07 零部件测绘试卷
03 减速器装配图	08 1+X 证书单选练习题
04 教学工作页课件	09 1+X 证书单选练习题参考答案
05 工作页参考答案	10 附录

目　录

第1部分 任务单及工作页

项目 1

尺规绘制并识读方形垫片零件图

任务单

任务载体	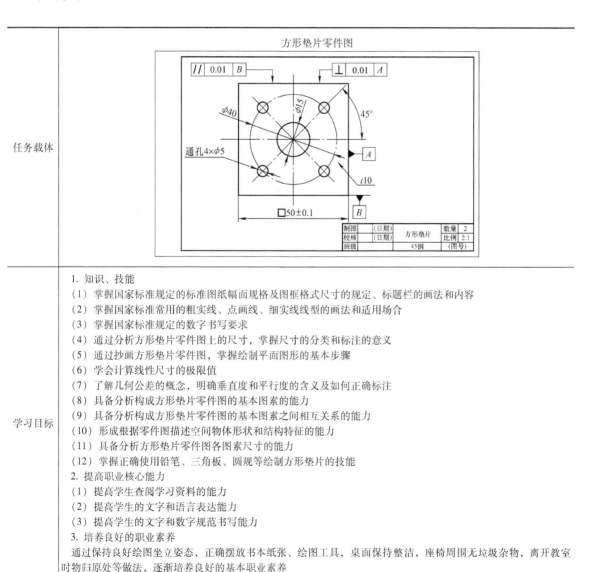 方形垫片零件图
学习目标	1. 知识、技能 （1）掌握国家标准规定的标准图纸幅面规格及图框格式尺寸的规定、标题栏的画法和内容 （2）掌握国家标准常用的粗实线、点画线、细实线线型的画法和适用场合 （3）掌握国家标准规定的数字书写要求 （4）通过分析方形垫片零件图上的尺寸，掌握尺寸的分类和标注的意义 （5）通过抄画方形垫片零件图，掌握绘制平面图形的基本步骤 （6）学会计算线性尺寸的极限值 （7）了解几何公差的概念，明确垂直度和平行度的含义及如何正确标注 （8）具备分析构成方形垫片零件图的基本图素的能力 （9）具备分析构成方形垫片零件图的基本图素之间相互关系的能力 （10）形成根据零件图描述空间物体形状和结构特征的能力 （11）具备分析方形垫片零件图各图素尺寸的能力 （12）掌握正确使用铅笔、三角板、圆规等绘制方形垫片的技能 2. 提高职业核心能力 （1）提高学生查阅学习资料的能力 （2）提高学生的文字和语言表达能力 （3）提高学生的文字和数字规范书写能力 3. 培养良好的职业素养 通过保持良好绘图坐立姿态，正确摆放书本纸张、绘图工具，桌面保持整洁，座椅周围无垃圾杂物，离开教室时物归原处等做法，逐渐培养良好的基本职业素养
计划学时	8～10 学时
学习要求	按照提供的图样，正确抄画方形垫片零件图，做到图线绘制符合国家标准要求

工作页	地点		学生		完成/未完成
	教师		时间		优/良/中/及格

在进入学习之前，请大家按照书写要求，规范填写下面表格中的数字。

书写要求：

> 1. 务必用铅笔书写，保证工作页整洁、清晰
> 2. 字迹工整，按框格书写，不要超出答题区域

在每个数字右侧空格内按国家标准规定规范地抄写表中的数字。

1		2		3	
4		5		6	
7		8		9	
0		ϕ40			

▷ 导入

（1）请按图 1-1 和图 1-2 的要求，结合教师的讲解削好铅笔铅芯和圆规铅芯。

1. 课前导读——"图"是人类的智慧

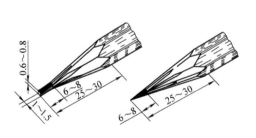

图 1-1　铅笔铅芯削法

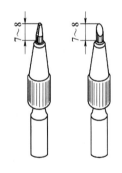

图 1-2　圆规铅芯削法

（2）请拿出一张 A4 纸，用直尺、圆规和铅笔等工具，在纸上按要求画出几何图形。
① 半径是 20mm 的圆。　　② 直径是 20mm 的圆。　　③ 边长是 25mm 的正方形。

⟩ 布置任务

任务 1-1　熟悉方形垫片平面图形

子任务 1-1-1　结合教材，请仔细观察图 1-3 所示的图形是由哪些基本图形和线型构成的。把基本图形名称、线型名称、图线宽窄规范地填写在下面的方格内。

基	本	图	形	名	称	：			
线	型	名	称		：				
图	线	宽	窄		：				

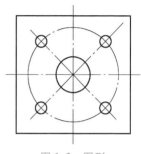

图 1-3　图形

微组织 1：检查纠错，学生改正错误。微评价：★★★★★

子任务 1-1-2　请同学们想一想，你在画这个图形时要选择哪些主要工具？将工具名称规范地填写在下面的方格内。

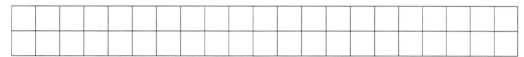

微组织 2：检查纠错，学生改正错误。微评价：★★★★★

子任务 1-1-3　请同学们想一想，看过这个图形后，你能按照图样中图形的大小和形状一模一样地把它抄画出来吗？为什么？将答案规范地填写在下面的方格内。

微组织 3：检查纠错，学生改正错误。微评价：★★★★★

子任务 1-1-4　若要抄画这个图形，你知道需要哪些条件吗？
小组讨论，将讨论结果规范地填写在下面的方格内。

微组织 4：检查纠错，学生改正错误。微评价：★★★★★

子任务 1-1-5 请仔细观察图 1-4 中所给定的尺寸，查找资料，解释每个尺寸的含义是什么，规范地填写在下面的方格内。

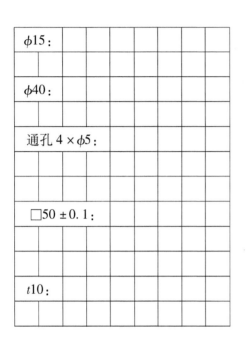

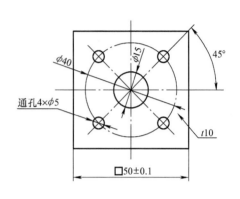

图 1-4 图样

微组织 5：检查纠错，学生改正错误。微评价：★★★★★

子任务 1-1-6 图 1-4 中尺寸 45°的作用是什么？将答案规范地填写在下面的方格内。

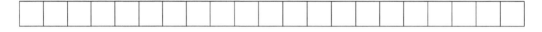

微组织 6：检查纠错，学生改正错误。微评价：★★★★★

子任务 1-1-7 请同学们结合教材，仔细观察图 1-4，该图分别使用了哪几种类型的图线？将答案规范地填写在下面的方格内。

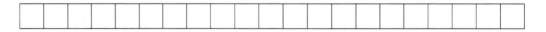

微组织 7：检查纠错，学生改正错误。微评价：★★★★★

子任务 1-1-8 请同学们按照所给定的尺寸，归纳总结图 1-4 的绘图步骤，规范地填写在下面的方格内，并在下面的框格内抄画图 1-4 所示的图形，不用标尺寸。

（空白表格）

微组织 8：检查纠错，学生改正错误。微评价：★★★★★

子任务 1-1-9　请每个小组选一名同学到黑板上默画图 1-4。

微组织 9：检查纠错，学生改正错误。微评价：★★★★★

子任务 1-1-10　请每位同学用尺规、铅笔等工具，在不看图 1-4 中图样的情况下，将图 1-4 所示图样画在下面的框格内，不标注尺寸。

微组织 10：检查纠错，学生改正错误。微评价：★★★★★

子任务 1-1-11 请同学们结合教材或查找资料填写图 1-5 中的各要素名称。

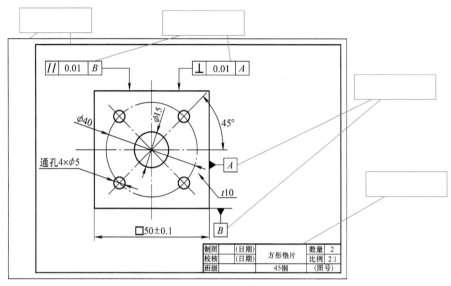

图 1-5 图样

微组织 11：检查纠错，学生改正错误。微评价：★★★★★

子任务 1-1-12 请同学们查找教材中的国家标准，把图框的种类及画法用文字规范地填写在下面的方格内。

图	框	种	类	：														
图	框	外	侧	使	用	的	图	线	是	：	（			）	线	型	；	
线	型	画	法	：														
图	框	内	侧	使	用	的	图	线	是	：	（			）	线	型	；	
线	型	画	法	：														

微组织 12：检查纠错，学生改正错误。微评价：★★★★★

任务 1-2 识读方形垫片零件图

子任务 1-2-1 请同学们查找教材，说一说标题栏内的内容主要有哪些项目，用汉字填写在下面的方格内。

制	图	、																

微组织 1：检查纠错，学生改正错误。微评价：★★★★★

子任务 1-2-2 请同学们查找教材，说一说什么是几何公差，用汉字规范地填写在下面的方格内。

微组织 2：检查纠错，学生改正错误。微评价：★★★★★

子任务 1-2-3　请同学们结合图样，在下面框内的空白处画一画图中与几何公差有关的基准符号和几何公差代号。

基准符号：	几何公差代号：

微组织 3：检查纠错，学生改正错误。微评价：★★★★★

子任务 1-2-4　请同学们查找教材，说一说什么是尺寸公差，用汉字规范地填写在下面的方格内。

微组织 4：检查纠错，学生改正错误。微评价：★★★★★

子任务 1-2-5　结合图样中的尺寸标注"□50±0.1"，请计算该方形垫片边长最长能加工到多少，最短能加工到多少，按国家标准规定的数字书写要求填写在下面的方格内。

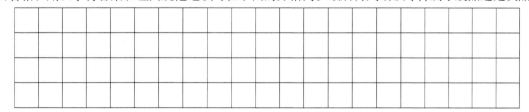

最	长	尺	寸	=											
最	短	尺	寸	=											

微组织 5：检查纠错，学生改正错误。微评价：★★★★★

子任务 1-2-6　某同学在测量这个方形垫片的边长时发现长度分别是 50.15mm 和 49.95mm，请问是否合格？用汉字将答案和理由规范地填写在下面的方格内。最后再判断该零件属于废品还是次品？

微组织 6：检查纠错，学生改正错误。微评价：★★★★★

任务 1-3　用尺规抄绘方形垫片零件图

子任务 1-3-1　请拿出一张 A4 纸，测量它的长度和宽度，写在下面的表格内，测量以 mm 为计量单位。查找国家标准，将标准图纸幅面的尺寸用数字规范地填写在下面的方格内。

A4	幅	面	长	度	=			宽	度	=	
A0			A1			A2		A3		A4	

微组织 1：检查纠错，学生改正错误。微评价：★★★★★

子任务 1-3-2　按照国家标准要求选用 A4 图纸，画出带装订边的图框和标题栏（图 1-6、图 1-7）。

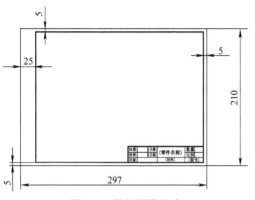

图 1-6　图纸幅面尺寸

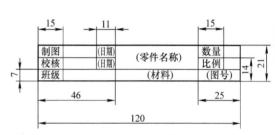

图 1-7　标题栏

微组织 2：检查纠错，学生改正错误。微评价：★★★★★

子任务 1-3-3　请同学们仔细分析方形垫片图样，参照教材平面图形绘图步骤，将抄画该图样的步骤用汉字规范地填写在下面的方格内。

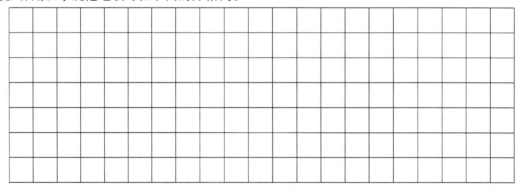

微组织 3：检查纠错，学生改正错误。微评价：★★★★★

子任务 1-3-4　请同学们在画好图框和标题栏的 A4 图纸上，按照任务单中给定方形垫片尺寸抄画图样。

微组织 4：检查纠错，学生改正错误。微评价：★★★★★

▷ 归纳总结

（1）认识粗实线、细实线和点画线及其使用场合。

（2）掌握"$\phi15$""$\phi40$""通孔 $4 \times \phi5$""□50 ± 0.1"尺寸标注的含义。

（3）掌握尺寸"45°"的作用。

（4）掌握标题栏、图纸幅面大小、图框规格种类。

（5）初步了解几何公差的含义、表达方法和画法。

（6）掌握计算尺寸极限值的方法。

（7）学会按用尺规抄绘简单图形的步骤。

⟩ 结果

📖1. 自我评价

☐ 了解了粗实线、点画线和细实线的使用场合。

☐ 掌握了粗实线、细实线和点画线的绘制方法。

☐ 掌握了 4 种类型尺寸的含义。

☐ 掌握了 5 种图纸幅面尺寸之间的关系。

☐ 掌握了图框和标题栏的画法及标题栏的作用。

☐ 掌握了几何公差框格的画法、基准符号的画法及存在的意义。

☐ 掌握了尺寸公差存在的意义。

☐ 掌握了绘制平面图形的基本方法和步骤。

☐ 工作页已完成并提交。

☐ 工作页未完成，未完成的原因：_____。

📖2. 教师评价

（1）工作页

☐ 已完成并提交。

☐ 未完成，未完成的原因：_____。

（2）方形垫片零件图图形的绘制

☐ 已完成，质量较好。

☐ 已完成，质量一般。

☐ 未完成，未完成的原因：_____。

（3）5S 评价

☐ 工具、学习资料摆放整齐。

☐ 环境整齐、干净。

📖3. 学生总结

你学会了哪些知识？你掌握了哪些技能？你养成了哪些好习惯？将其总结在下面的方格内。

项目 ②

尺规绘制并识读带螺纹孔的正六棱柱零件图

▷ 任务单

任务载体	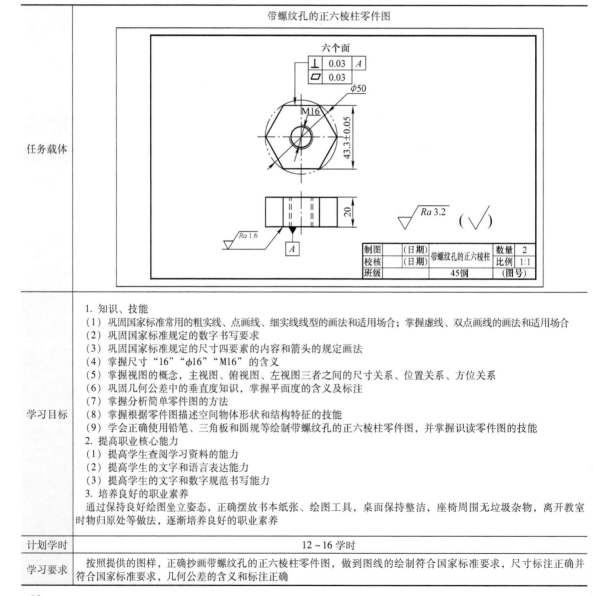
学习目标	1. 知识、技能 （1）巩固国家标准常用的粗实线、点画线、细实线线型的画法和适用场合；掌握虚线、双点画线的画法和适用场合 （2）巩固国家标准规定的数字书写要求 （3）巩固国家标准规定的尺寸四要素的内容和箭头的规定画法 （4）掌握尺寸"16""ϕ16""M16"的含义 （5）掌握视图的概念，主视图、俯视图、左视图三者之间的尺寸关系、位置关系、方位关系 （6）巩固几何公差中的垂直知识，掌握平面度的含义及标注 （7）掌握分析简单零件图的方法 （8）掌握根据零件图描述空间物体形状和结构特征的技能 （9）学会正确使用铅笔、三角板和圆规等绘制带螺纹孔的正六棱柱零件图，并掌握识读零件图的技能 2. 提高职业核心能力 （1）提高学生查阅学习资料的能力 （2）提高学生的文字和语言表达能力 （3）提高学生的文字和数字规范书写能力 3. 培养良好的职业素养 通过保持良好绘图坐立姿态，正确摆放书本纸张、绘图工具，桌面保持整洁，座椅周围无垃圾杂物，离开教室时物归原处等做法，逐渐培养良好的职业素养
计划学时	12~16 学时
学习要求	按照提供的图样，正确抄画带螺纹孔的正六棱柱零件图，做到图线的绘制符合国家标准要求，尺寸标注正确并符合国家标准要求，几何公差的含义和标注正确

工作页	地点		学生		完成/未完成
	教师		时间		优/良/中/及格

在进入学习之前，请大家按照书写要求，规范填写下面表格中的数字。

书写要求：

> 1. 务必用铅笔书写，保证工作页整洁、清晰
> 2. 字迹工整，按框格书写，不要超出答题区域

在每个数字右侧空格内按国家标准规定规范地抄写表中的数字。

1		2		3	
4		5		6	
7		8		9	
0		M16		Ra1.6	

▷ 导入

（1）请同学们填写图 2-1 所示 3 个实体的名称，分别描述 3 个实体图的结构，用汉字规范地写在下面的方格内。

2. 课前导读——面对困难，
勇于创新：群钻

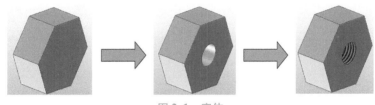

图 2-1　实体

第	一	个	实	体	名	称	：									
实	体	结	构	：												
第	二	个	实	体	名	称	：									
实	体	结	构	：												
第	三	个	实	体	：											
实	体	结	构	：												

微组织 1：检查纠错，学生改正错误。微评价：★ ★ ★ ★ ★

（2）你知道关于"视图"的概念吗？能描述一下第一个实体的3个视图（包括主视图、俯视图、左视图）是什么样子的吗？用汉字规范地写在下面的方格内。

视	图	的	概	念	：													
主	视	图	：															
俯	视	图	：															
左	视	图	：															

微组织2：检查纠错，学生改正错误。微评价：★★★★★

（3）你知道主视图、俯视图、左视图三者之间有什么关系吗？

尺寸关系：

1.	主	俯	视	图	（		）	对	正	；
2.	主	左	视	图	（		）	平	齐	；
3.	俯	左	视	图	（		）	相	等	。

位置关系：

1.	俯	视	图	在	主	视	图	的	正	（
	）	方	。							
2.	左	视	图	在	主	视	图	的	正	（
	）	方	。							

方位关系：

		以	主	视	图	为	准	，	靠	近
主	视	图	的	一	侧	是	形	体	的	（
	）	面	，	远	离	主	视	图	的	是
形	体	的	（		）	面	。			

请你徒手画出图2-2所示的正六棱柱的三视图，尺寸自定。徒手画图就是不用尺、圆规画图，只用铅笔画图。

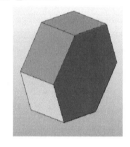

图2-2 正六棱柱

微组织3：检查纠错，学生改正错误。微评价：★★★★★

▷ 布置任务

任务2-1 识读带螺纹孔的正六棱柱视图

子任务2-1-1 结合教材仔细观察右侧图，主视图是由哪些基本图形和线型构成的？下面的图形中用了哪几种线型？双点画线和虚线分别表达什么含义？规范地填写在下面的方格内。

1.	主	视	图	中	的	基	本	图	形
有	：								
线	型	有	：						
2.	俯	视	图	中	的	线	型	有	：

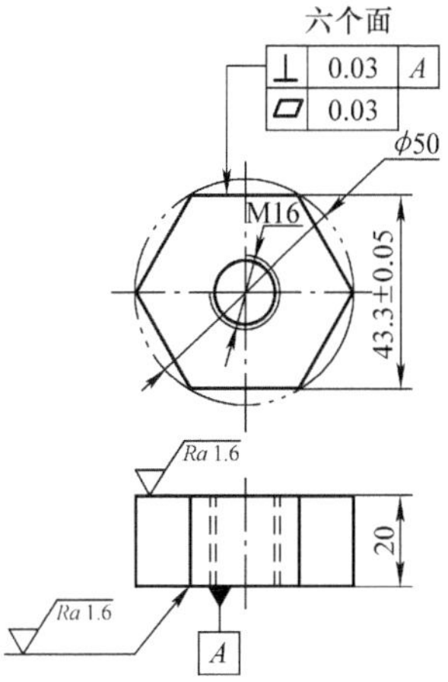

六个面

⊥ | 0.03 | A
∥ | 0.03

φ50

M16

43.3±0.05

Ra 1.6

20

Ra 1.6

A

双	点	画	线	的	含	义	：											

虚	线	的	含	义	：													

微组织 1：检查纠错，学生改正错误。微评价：★★★★★

子任务 2-1-2　请查找尺寸 M16 的含义，规范地填写在下面的方格内。

M	1	6	的	含	义	：												

微组织 2：检查纠错，学生改正错误。微评价：★★★★★

子任务 2-1-3　请同学们仔细看看图中哪个符号你没见过，画在下面的框格内。

查找教材，该符号的名称是什么？表达了什么含义？规范地填写在下面的方格内。

符	号	的	名	称	:													
符	号	的	含	义	:													

微组织3：检查纠错，学生改正错误。微评价：★★★★★

子任务2-1-4　请把这个图形中与几何公差有关的框格和基准符号画在下面的框格内。

微组织4：检查纠错，学生改正错误。微评价：★★★★★

子任务2-1-5　请查找教材，归纳零件图内容，看看常用几何公差有哪些项目，根据项目的文字内容在下表填写对应的符号。

几何特征	符号	几何特征	符号	几何特征	符号
直线度		面轮廓度		同轴度	
平面度		倾斜度		对称度	
圆度		平行度		圆跳动	
圆柱度		垂直度		全跳动	
线轮廓度		位置度			

微组织5：检查纠错，学生改正错误。微评价：★★★★★

任务2-2　抄绘带螺纹孔的正六棱柱视图

子任务2-2-1　请同学们选用A4的图纸幅面，按照图2-3的要求绘制带装订边的图框，按照制图教材规定的学生练习用标题栏尺寸及项目内容，在图纸的右下角绘制标题栏，如图2-4所示。

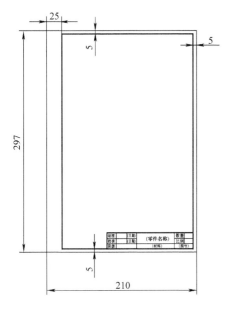

图 2-3　图纸幅面尺寸

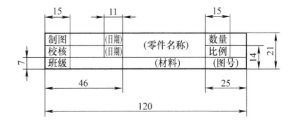

图 2-4　标题栏

微组织 1：检查纠错，学生改正错误。微评价：★★★★★

子任务 2-2-2　请同学们抄绘带螺纹孔的正六棱柱的主视图，你知道有几种方法能准确绘制出正六边形吗？规范地填写在下面的方格内。

第	一	种	方	法	：								
第	二	种	方	法	：								

微组织 2：检查纠错，学生改正错误。微评价：★★★★★

子任务 2-2-3　请查找教材，将直尺、圆规配合使用，按照下面的画图步骤绘制直径为 $\phi50$mm 的圆的内接正六边形。

步骤 1：先画互相垂直的两条中点相交的点画线交于点 O。

步骤 2：再以交点 O 为圆心，（　　）为半径，画双点画线圆；圆与互相垂直的两条点画线相交于（　　）个点，逆时针依次为 A、B、C、D；A、C 为最左和最右两点。

步骤 3：分别以 A 点和 C 点为圆心，以 25mm 为半径，轻轻地画图弧，得到（　　）个交点，命名为 I、II、III、IV，令左下角为 I，逆时针方向依次为 II、III、IV。

步骤 4：依次连接 A - I - II - C - III - IV - A，得到正六边形。

微组织 3：检查纠错，学生改正错误。微评价：★★★★★

子任务 2-2-4　请同学们把带螺纹孔的正六棱柱的零件图抄画在 A4 幅面的图纸上。

微组织 4：检查纠错，学生改正错误。微评价：★★★★★

归纳总结

（1）认识虚线和双点画线及使用场合。

（2）掌握表面粗糙度符号的画法及含义。

（3）进一步掌握几何公差概念及表达项目符号。

（4）巩固标题栏应具备的内容和图框的绘制方法。

（5）掌握用尺规绘制正六边形的方法。

（6）能够识读零件图上的尺寸标注及技术要求。

（7）巩固了三视图的概念与相互关系。

结果

1. 自我评价

☐ 了解了粗实线和点画线的使用场合。

☐ 掌握了粗实线、细实线和点画线的绘制方法。

☐ 掌握了 4 种类型尺寸的含义。

□ 掌握了 5 种图纸幅面尺寸之间的关系。

□ 掌握了图框和标题栏的画法及标题栏的作用。

□ 掌握了几何公差的种类、框格的画法、基准符号的画法及存在的意义。

□ 学会了判断尺寸是否合格的方法。

□ 掌握了尺寸公差存在的意义。

□ 掌握了绘制平面图形的方法和步骤。

□ 工作页已完成并提交。

□ 工作页未完成，未完成的原因：_____。

📖 2. 教师评价

（1）工作页

□ 已完成并提交。

□ 未完成，未完成的原因：_____。

（2）带螺纹孔的正六棱柱零件图绘制

□ 已完成，质量较好。

□ 已完成，质量一般。

□ 未完成，未完成的原因：_____。

（3）5S 评价

□ 工具、学习资料摆放整齐。

□ 环境整齐、干净。

📖 3. 学生总结

你学会了哪些知识？你掌握了哪些技能？你养成了哪些好习惯？将其总结在下面的方格内。

项目 ③

尺规绘制并识读轴类零件图

⬦ 任务单

任务载体	台阶轴、带锥度的台阶轴、交换齿轮架轴零件图（图3-4、图3-6、图3-7）
学习目标	1. 知识、技能 （1）巩固国家标准规定的尺寸四要素的内容和箭头的规定画法 （2）通过分析轴类零件图，培养学生描述轴类零件形状结构的技能 （3）通过抄绘3张轴的零件图，掌握选择轴类零件表达方案的方法 （4）通过计算轴段直径的极限尺寸，对比实测尺寸，学会判断零件是否合格 （5）通过轴类零件功用的分析，掌握轴类零件上常见的表面粗糙度、几何公差的种类、标注和识读方法 （6）通过分析轴类零件技术要求中的"未注线性尺寸公差"，学会查找未注公差的方法和理解未注公差的意义 （7）通过分析技术要求中"未注倒角"，理解轴类零件端部倒角的由来；通过交换齿轮架轴类零件图的分析，掌握退刀槽的结构特点、尺寸由来和存在的意义 （8）通过对交换齿轮架轴类零件图的分析，引出断面图概念以及断面图的种类、画法、配置位置和标记 （9）通过对交换齿轮架轴类零件图的分析，掌握回转体上平面结构的表达方法 （10）学会正确使用铅笔、三角板和圆规等绘制轴类零件和识读零件图的技能 2. 提高职业核心能力 （1）提高学生查阅学习资料的能力 （2）提高学生的文字和语言表达能力 （3）提高学生的文字和数字规范书写能力 3. 培养良好的职业素养 通过保持良好绘图坐立姿态，正确摆放书本纸张、绘图工具，桌面保持整洁，座椅周围无垃圾杂物，离开教室时物归原处等做法，逐渐培养良好的职业素养
计划学时	12～16学时
学习要求	按照提供的图样，正确抄画台阶轴、带锥度的台阶轴、交换齿轮架轴零件图，做到图线绘制符合国家标准要求，尺寸标注正确且符合国家标准要求，几何公差的含义和标注正确

工作页	地点		学生		完成/未完成
	教师		时间		优/良/中/及格

在进入学习之前，请大家按照书写要求，规范填写下面表格中的数字。

书写要求：

1. 务必用铅笔书写，保证工作页整洁、清晰
2. 字迹工整，按框格书写，不要超出答题区域

在每个数字右侧空格内按国家标准规定规范地抄写表中的数字。

$\phi 38^{\ 0}_{-0.1}$		$\phi 32^{-0.01}_{-0.05}$	
$\phi 20^{\ 0}_{-0.08}$		$25^{\ 0}_{-0.1}$	
$15^{+0.2}_{\ 0}$		$30° \pm 20'$	

⟶ 导入

请根据图 3-1 ~ 图 3-3 所示的实体图，仔细分析，在其右侧方格内填写它们的主要形状和结构特点。

3. 课前导读——团结的力量创造
中国奇迹：第一台印在人民币上的机床

图 3-1　台阶轴

形	状	特	点	:								
结	构	特	点	:								

图 3-2　带锥度的台阶轴

形	状	特	点	:								
结	构	特	点	:								

21

形	状	特	点	：											
结	构	特	点	：											

图 3-3 交换齿轮架轴

▷ 布置任务

任务3-1 台阶轴零件图的绘制及识读

子任务3-1-1 请仔细观察图 3-4 所示的图样，按照图样中的内容回答问题，将答案规范地填写在下面的方格内。

零	件	名	称	：				零	件	材	料	：			
线	型	种	类	：											
写	出	全	部	的	尺	寸	：								
工	整	地	抄	写	图	样	中	的	技	术	要	求	：		
1.								2.							
3.															
4.															
图	样	表	达	的	物	体	是	"	导	入	"	中	的	哪	个	实	体	：

微组织1：检查纠错，学生改正错误。微评价：★★★★★

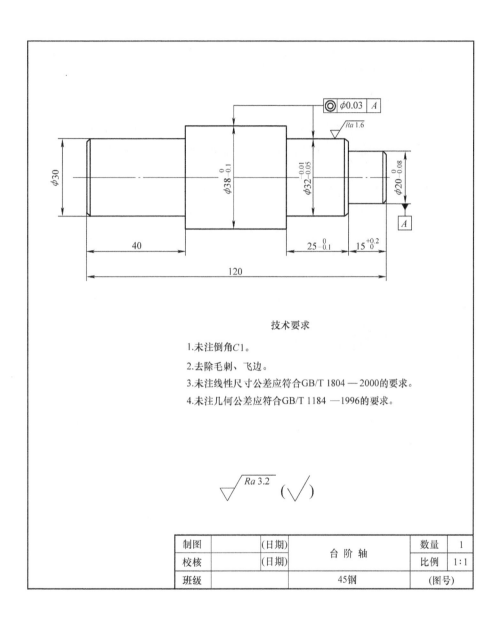

技术要求

1.未注倒角C1。

2.去除毛刺、飞边。

3.未注线性尺寸公差应符合GB/T 1804 — 2000的要求。

4.未注几何公差应符合GB/T 1184 —1996的要求。

制图		(日期)	台　阶　轴	数量	1
校核		(日期)		比例	1:1
班级			45钢	(图号)	

图 3-4　台阶轴零件图

子任务 3-1-2 当数字高度为 3.5mm 时，按标准要求抄绘图样中的几何公差代号、基准符号，并填于下面的框格内。

几何公差代号：

基准符号：

微组织 2：检查纠错，学生改正错误。微评价：★★★★★

子任务 3-1-3 在下面的方格内说明图样中几何公差是形状公差还是位置公差，并解释该几何公差的含义。

微组织 3：检查纠错，学生改正错误。微评价：★★★★★

子任务 3-1-4 一般情况下，当尺寸数字高度为 3.5mm 时，标注尺寸时的箭头长度为 3.5mm。请观察图 3-5 中的箭头画法示例，按尺寸抄画长方形并按标准标注尺寸。

微组织 4：检查纠错，学生改正错误。微评价：★★★★★

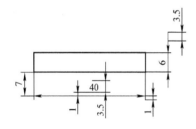

图 3-5 尺寸标注基本规定

子任务 3-1-5 请同学们结合图 3-4 所示的图样和图 3-1 所示的实体图，想一想图样中这个台阶轴的视图是主视图还是左视图？将答案填写在下面的方格内。如果是主视图，请画出它的左视图；如果是左视图，请画出主视图。尺寸按图中的尺寸 1:1 绘制。

答	:																							

微组织 5：检查纠错，学生改正错误。微评价：★★★★★

子任务 3-1-6　如果加工后测量这个台阶轴的中间段直径为 $\phi37.8\text{mm}$，其他尺寸均在公差范围内，请问该零件是否合格？为什么？将答案填写在下面的方格内。

微组织 6：检查纠错，学生改正错误。微评价：★★★★★

子任务 3-1-7　请计算该台阶轴上表面最光滑的轴段直径最大值，并规范地填写在下面的方格内。

微组织 7：检查纠错，学生改正错误。微评价：★★★★★

子任务 3-1-8　查找资料，将技术要求中的"未注线性尺寸公差应符合 GB/T 1804—2000 的要求"和"未注几何公差应符合 GB/T 1184—1996 的要求"的含义规范地填写在下面的方格内。

微组织 8：检查纠错，学生改正错误。微评价：★★★★★

子任务 3-1-9　请用细实线的圆圈圈出图 3-4 所示图样中所有表示倒角的结构，并说明倒角的尺寸。有几处倒角结构？请规范地填写在下面的方格内。

微组织 9：检查纠错，学生改正错误。微评价：★★★★★

子任务 3-1-10　请同学们找出图 3-4 所示图样中的表面粗糙度符号，并把表面粗糙度符号绘制在下面的框格内，字体高为 3.5mm。解释图样中表面粗糙度的含义，填写在下面的方格内。

表面粗糙度符号：

微组织 10：检查纠错，学生改正错误。微评价：★ ★ ★ ★ ★

子任务 3-1-11　请拿出一张 A4 幅面的图纸，抄绘图 3-4 所示的台阶轴零件图。要求如下。

（1）按照国家标准绘制竖直带装订边的 A4 幅面图框。

（2）标题栏按照学生作业用标题栏尺寸及格式绘制。

（3）按 1:1 比例抄绘图样。

（4）标注全部的尺寸。

微组织 11：检查纠错，学生改正错误。微评价：★ ★ ★ ★ ★

任务 3-2　带锥度台阶轴零件图的绘制及识读

子任务 3-2-1　请仔细观察图 3-6 所示的带锥度台阶轴零件图样，按照图样中的内容回答问题，将答案规范地填写在下面的方格内。

零	件	名	称	:				零	件	材	料	:			
线	型	种	类	:											
写	出	全	部	的	尺	寸	:								
工	整	地	抄	写	图	样	中	的	技	术	要	求	:		
1.								2.							
3.															
图	样	表	达	的	物	体	是	"导	入"	中	的	哪	个	实	体	:

微组织 1：检查纠错，学生改正错误。微评价：★ ★ ★ ★ ★

子任务 3-2-2　请同学们找出图 3-6 所示带锥度的台阶轴零件图中所有的尺寸，填写在下面的方格内。

径	向	尺	寸	:											
轴	向	尺	寸	:											
角	度	尺	寸	:											

微组织 2：检查纠错，学生改正错误。微评价：★ ★ ★ ★ ★

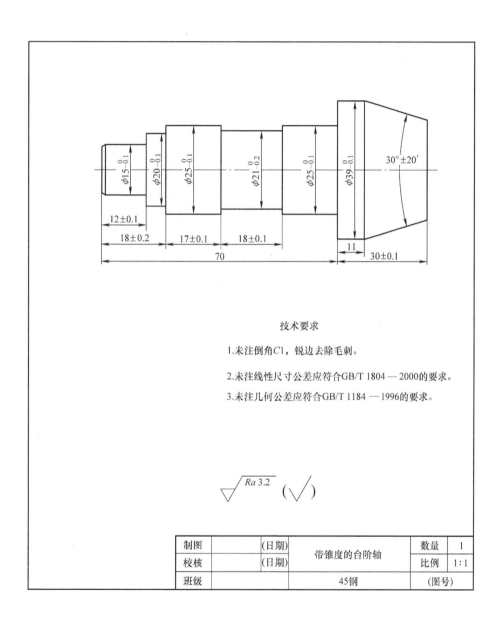

技术要求

1. 未注倒角C1，锐边去除毛刺。

2. 未注线性尺寸公差应符合GB/T 1804—2000的要求。

3. 未注几何公差应符合GB/T 1184—1996的要求。

制图		(日期)	带锥度的台阶轴	数量	1
校核		(日期)		比例	1:1
班级			45钢	(图号)	

图3-6 带锥度的台阶轴零件图

子任务 3-2-3 请拿出一张 A4 幅面的图纸，抄绘图 3-6 所示带锥度的台阶轴零件图。要求如下。

（1）按照国家标准绘制竖直带装订边的 A4 幅面图框。

（2）标题栏按照学生作业用标题栏尺寸及格式绘制。

（3）按 1:1 比例抄绘图样。

（4）标注全部的尺寸。

微组织 3：检查纠错，学生改正错误。微评价：★★★★★

任务 3-3 交换齿轮架轴零件图的绘制及识读

子任务 3-3-1 请仔细观察图 3-7 所示的交换齿轮架轴零件图样，按照图样中的内容回答问题，将答案规范地填写在下面的方格内。

零	件	名	称	：				零	件	材	料	：			
线	型	种	类	：											
工	整	地	抄	写	图	样	中	的	技	术	要	求	：		
1.															
2.															
图	样	表	达	的	物	体	是	"导	入"	中	的	哪	个	实	体	：

微组织 1：检查纠错，学生改正错误。微评价：★★★★★

子任务 3-3-2 图 3-7 所示的图样中有哪些几何公差要求？解释它们的具体含义，用汉字填写在下面的方格内。

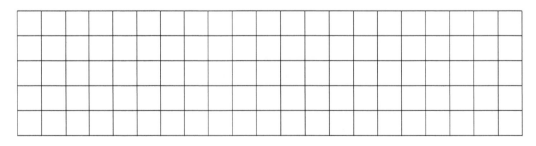

微组织 2：检查纠错，学生改正错误。微评价：★★★★★

子任务 3-3-3 图 3-7 所示的图样中有哪些表面质量的要求？具体数值是多少？用汉字填写在下面的方格内。

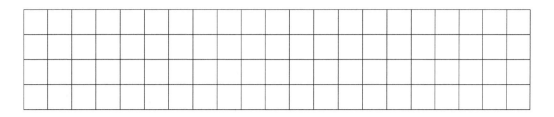

微组织 3：检查纠错，学生改正错误。微评价：★★★★★

子任务 3-3-4　找出图 3-7 所示图样中有尺寸公差要求的尺寸，填写在下面的方格内。

微组织 4：检查纠错，学生改正错误。微评价：★★★★★

子任务 3-3-5　找出图 3-7 所示图样中所有螺纹的尺寸，填写在下面的方格内。

微组织 5：检查纠错，学生改正错误。微评价：★★★★★

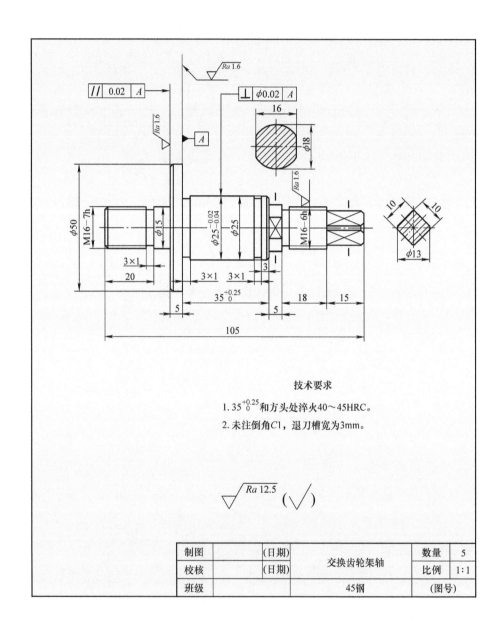

技术要求

1. $35^{+0.25}_{0}$ 和方头处淬火 40～45HRC。

2. 未注倒角 $C1$，退刀槽宽为 3mm。

制图		(日期)	交换齿轮架轴	数量	5
校核		(日期)		比例	1:1
班级			45钢	(图号)	

图 3-7 交换齿轮架轴零件图

子任务 3-3-6　用细实线圈出交换齿轮架轴零件图（图 3-7）中"3×1"这样的尺寸标注，一共有几处？这个尺寸表达的是轴类零件上常见结构，这个结构称为退刀槽，用于在加工中防止刀具撞到台阶轴端面，起到退刀的作用。请用细实线指出图 3-8 所示实体中的退刀槽结构。

图 3-8　带退刀槽的台阶轴实体图

微组织 6：检查纠错，学生改正错误。微评价：★★★★★

子任务 3-3-7　查找资料，解释技术要求中的"淬火 40~45HRC"的含义，用汉字填写在下面的方格内。

微组织 7：检查纠错，学生改正错误。微评价：★★★★★

子任务 3-3-8　请同学们数一数图 3-7 所示的零件图中有几个图形。查找教材，确定图样中带有 45°方向的细实线的图形名称，用汉字填写在下面的方格内。

微组织 8：检查纠错，学生改正错误。微评价：★★★★★

子任务 3-3-9　请在下面空白处画出图 3-9 中小轴的主视图和左视图（尺寸自定）。

（1）画图前请分析图 3-9 所示小轴的结构组成，填写在下面的方格内。

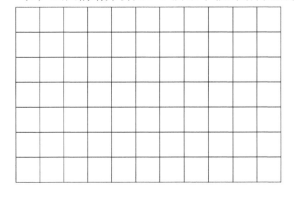

主视图方向

图 3-9　带孔台阶轴实体图

（2）开始绘图（绘制在下面的空白处）

（3）图3-10、图3-11两组视图有哪些不同？哪种表达更清楚？用汉字填写在下面的方格中。

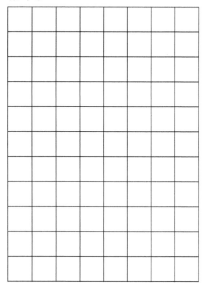

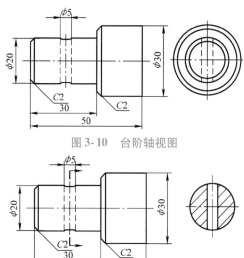

图3-10 台阶轴视图

图3-11 台阶轴断面图

认识剖切符号的两种形式，如图3-12所示。

剖切符号的作用：用于表示剖切位置（假想的剖切，不是真的把零件剖开）。得出结论：通常把图3-11中右侧的图形（仅画出剖切位置断面的形状）称为移出断面图。它的位置比较灵活，一般放在剖切位置的附近，如图3-13所示。该断面图向左或向右投影都是一样的，因此，剖切符号可以省略箭头。

图3-12 剖切符号

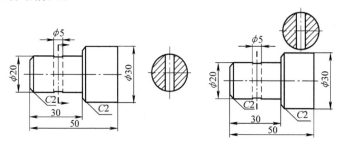

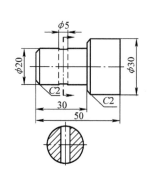

图3-13 断面图位置

将得出的结论用汉字抄写在下面的方格内。

微组织 9：检查纠错，学生改正错误。微评价：★★★★★

子任务 3-3-10　请同学们按照 1:1 的比例在下面的框格中抄绘图 3-10。

微组织 10：检查纠错，学生改正错误。微评价：★★★★★

子任务 3-3-11　请按照尺寸采用 1:1 的比例分别画出图 3-14 和图 3-15 所示两个物体的主视图，看看是否相同。箭头所指为主视图方向。

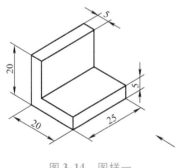

图 3-14　图样一

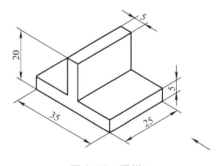

图 3-15　图样二

微组织 11：检查纠错，学生改正错误。微评价：★★★★★

子任务3-3-12 请仔细辨别图3-16和图3-17所示两个视图有哪些不同，用汉字填写在下面的方格内。

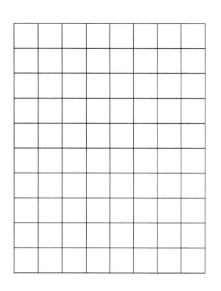

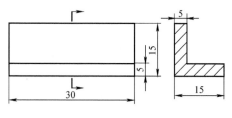

图3-16 移出断面图

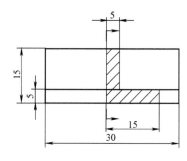

图3-17 重合断面图

得出结论：通常把图3-17中细实线表达的图形称为重合断面图。它是画在视图内部的图形，用来表达物体在剖切符号所表达的剖切位置的断面结构形状。

将得出的结论用汉字抄写在下面的方格内。

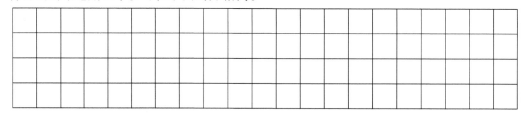

微组织12：检查纠错，学生改正错误。微评价：★★★★★

子任务3-3-13 观察交换齿轮架轴零件图（图3-7），图样中有几个断面图？用细实线圆圈圈出剖切位置，标注序号，在对应的断面图中也标注上对应的序号。在下面空白处按1:1比例画出断面图。

微组织13：检查纠错，学生改正错误。微评价：★★★★★

子任务 3-3-14　请在下面的空白处分别按 1:1 的比例绘制图 3-18 ~ 图 3-20 所示 3 个实体的主视图。箭头所指方向为主视图方向。

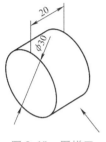

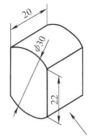

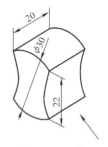

图 3-18　图样三　　　　　　　图 3-19　图样四　　　　　　　图 3-20　图样五

微组织 14：检查纠错，学生改正错误。微评价：★★★★★

子任务 3-3-15　图 3-19 和图 3-20 所示实体的主视图是否一样？请将答案填写在下面的方格内。

得出结论：当回转体中带有平面时，为了区别表达在二维视图中的平面和曲面，国家标准规定了用"平面符号"来表达回转体视图中的平面。平面符号是两条相交的细实线的直线段。例如，要区别图 3-19 和图 3-20 中的平面和曲面，就可以借助平面符号。将得出的结论用汉字抄写在下面的方格内。

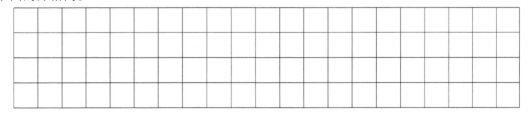

微组织 15：检查纠错，学生改正错误。微评价：★★★★★

子任务 3-3-16　请拿出一张 A4 幅面的图纸，抄绘交换齿轮架轴零件图（图 3-7）。
要求如下。
（1）按照国家标准绘制竖直带装订边的 A4 幅面图框。
（2）标题栏按照学生作业用标题栏尺寸及格式绘制。
（3）按 1:1 比例抄绘图样。
（4）标注全部的尺寸。
微组织 16：检查纠错，学生改正错误。微评价：★★★★★

子任务 3-3-17　根据 3 个学习任务，总结出完整的零件图具有的内容，用汉字填写在下面的方格内。

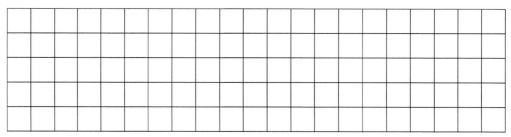

微组织 17：检查纠错，学生改正错误。微评价：★ ★ ★ ★ ★

任务 3-4　滚动轴承车轴零件图的绘制及识读

子任务 3-4-1　请仔细观察图 3-21 所示的图样，按照图样中的内容回答问题，将答案规范地填写在下面的方格内。

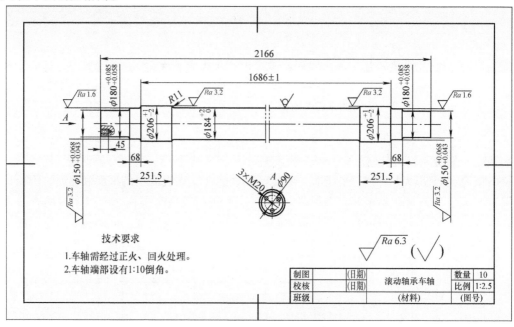

图 3-21　滚动轴承车轴零件图

零	件	名	称	：									
零	件	材	料	：									
写	出	全	部	的	尺	寸	：						
工	整	地	抄	写	图	样	中	的	技	术	要	求	：
1.													
2.													

微组织 1：检查纠错，学生改正错误。微评价：★★★★★

子任务 3-4-2 图样中采用了哪些表达方法，在下面的方格内写出具体名称。

微组织 2：检查纠错，学生改正错误。微评价：★★★★★

子任务 3-4-3 图样中有哪些表面质量的要求，具体值是什么？将表面粗糙度符号绘制在下面的空白处。

微组织 3：检查纠错，学生改正错误。微评价：★★★★★

子任务 3-4-4 写出图样中有尺寸公差要求的尺寸，分别计算出图样中带有尺寸公差的尺寸的上极限偏差和下极限偏差，工整地填写在下面的方格内。

微组织 4：检查纠错，学生改正错误。微评价：★★★★★

子任务 3-4-5 图样中的螺纹孔有几个？尺寸是多少？工整地填写在下面的方格内。

微组织 5：检查纠错，学生改正错误。微评价：★★★★★

子任务 3-4-6 根据图 3-22 和图 3-23 所示，查找资料，按照图 3-22 中所指，说一说滚动轴承车轴各部分的名称及作用，判断哪个位置表面与火车轮轮毂内表面配合，属于什么配合？用文字工整地填写在下面的方格内。

图 3-22 滚动轴承车轴主要结构名称　　　　图 3-23 轮对装配模型

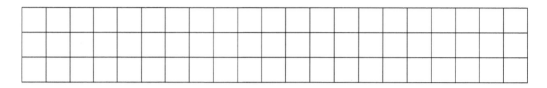

微组织 6：检查纠错，学生改正错误。微评价：★★★★★

子任务 3-4-7 查找资料，举例说明滚动轴承车轴的种类有哪些? 写出 3～5 种。

微组织 7：检查纠错，学生改正错误。微评价：★★★★★

子任务 3-4-8 完整的零件图具有哪些内容? 用汉字填写在下面的方格内。

微组织 8：检查纠错，学生改正错误。微评价：★★★★★

▷ 归纳总结

（1）会识读轴类零件的形状特点。

（2）会识读轴类零件上的常见结构。

（3）会识读零件图样的表达方法，包括轴类零件上的常见结构，如退刀槽、螺纹及平面结构的表达方法。

（4）初步掌握轴类零件上常见的移出断面图和重合断面图的表达方法和使用场合。

（5）会识读零件图样的技术要求。

（6）会识读零件图样的全部尺寸。

（7）学会按步骤用尺规抄绘轴类零件图。

结果

1. 自我评价

□ 了解了轴类零件的形状特点。

□ 会识读轴类零件上的常见结构。

□ 掌握了读零件图样的表达方法，包括轴类零件上的常见结构，如退刀槽、螺纹及平面结构表达方法。

□ 掌握了轴类零件上常见的移出断面图和重合断面图的表达方法和使用场合。

□ 掌握了零件图样上技术要求的常见内容。

□ 掌握了轴类零件上的主要尺寸标注样式和关于尺寸标注的相关规定。

□ 掌握了尺规抄绘轴类零件图的步骤。

□ 工作页已完成并提交。

□ 工作页未完成，未完成的原因：_____。

2. 教师评价

（1）工作页

□ 已完成并提交。

□ 未完成，未完成的原因：_____。

（2）3 个轴的零件图绘制情况

□ 已完成，质量较好。

□ 已完成，质量一般。

□ 未完成，未完成的原因：_____。

（3）5S 评价

□ 工具、学习资料摆放整齐。

□ 环境整齐、干净。

3. 学生总结

你学会了哪些知识？你掌握了哪些技能？你养成了哪些好习惯？将其总结在下面的方格内。

项目 4

徒手绘制简单图样

任务单

任务载体	方形垫片平面图形 通孔 4×ϕ5　　ϕ40　　ϕ15　　45°　　t10　　□50±0.1
学习目标	1. 知识、技能 （1）明确构成图形的基本几何要素是点、线、面 （2）明确什么是徒手绘制图形 （3）明确在机械加工制造行业什么情况会用到徒手绘制图样 （4）通过练习徒手绘制构成图形的基本几何要素，学会绘制水平线、竖直线和倾斜线，把一条直线分成奇数等份，徒手绘制小圆和大圆以及椭圆的方法 （5）通过徒手绘制方形垫片平面图形，进行徒手画的基本功训练 2. 提高职业核心能力 （1）提高学生查阅学习资料的能力 （2）提高学生的文字和语言表达能力 （3）提高学生的文字和数字规范书写能力 3. 培养良好的职业素养 通过保持良好绘图坐立姿态，正确摆放书本、纸张、铅笔，桌面保持整洁，座椅周围无垃圾杂物，离开教室时物归原处等做法，逐渐培养良好的职业素养
计划学时	8～10 学时
学习要求	按照绘图步骤，徒手绘制方形垫片平面图形，图线使用正确，线型均匀、清晰

工作页	地点		学生		完成/未完成
	教师		时间		优/良/中/及格

在进入学习之前，请大家按照书写要求，规范填写下面表格中的数字。

书写要求：

> 1. 务必用铅笔书写，保证工作页整洁、清晰
> 2. 字迹工整，按框格书写，不要超出答题区域

在每个数字右侧空格内按国家标准规定规范地抄写表中的数字。

1		2		3	
4		5		6	
7		8		9	
0		$\phi 40$			

▷**导入**

现在只有铅笔，请你在空白处尽量准确地抄绘图 4-1、图 4-2 所示的平面图形。

4. 课前导读——"图"
　推动科技的发展

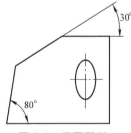

图 4-1　平面图形一

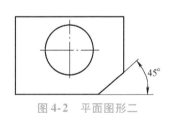

图 4-2　平面图形二

▷**布置任务**

任务4-1　徒手绘制构成简单图形的几何要素

子任务 4-1-1　什么是徒手绘制图形？在机械行业中什么情况下用徒手绘制图形？用汉字填写在下面的方格内。

微组织1：检查纠错，学生改正错误。微评价：★★★★★

子任务4-1-2 在下面的表格中练习徒手绘制构成简单图形的要素，保留作图痕迹。

练习徒手绘制直线（画3条互相平行的直线）		
（1）徒手抄绘水平直线	（2）徒手抄绘竖直直线	（3）徒手抄绘倾斜直线

练习徒手等分线段		
（4）徒手将直线等分成8份	（5）徒手将直线等分成5份	（6）徒手将直线等分成7份
——————————	——————————	——————————

练习徒手绘制角度线（均是与水平方向所成的角度）			
（7）45°直线	（8）30°直线	（9）60°直线	（10）10°直线

练习徒手绘制圆	
（11）徒手绘制小圆	（12）徒手绘制大圆

练习徒手绘制椭圆	
（13）徒手绘制长轴是水平位置的椭圆	（14）徒手绘制长轴是竖直位置的椭圆

微组织2：检查纠错，学生改正错误。微评价：★★★★★

任务4-2　徒手绘制几何图形

子任务4-2-1　徒手绘制半径是20mm的圆。

子任务4-2-2　徒手绘制直径是20mm的圆。

子任务4-2-3　徒手绘制边长为25mm的正方形。

子任务4-2-4　徒手绘制长是30mm、宽是20mm的矩形。

子任务4-2-5　请绘制一个直角三角形。这个直角三角形的斜边与水平方向所成的角设为β，$\tan\beta = 1/7$，且这个直角三角形的水平方向的直角边长度是25mm。

微组织：检查纠错，学生改正错误。微评价：★★★★★

任务4-3　徒手绘制方形垫片平面图形

要求：取一张A4幅面的图纸，不用绘制图框，练习只用铅笔，采用2:1的比例徒手抄绘方形垫片零件图（图4-3），标注尺寸。

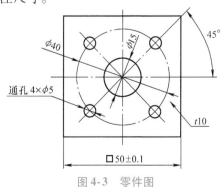

图4-3　零件图

任务4-4 徒手绘制椭圆垫片零件图

要求：仔细观察图4-4所示的椭圆垫片图样，在下面的方格内徒手绘制图样，比例自定，并标注尺寸。

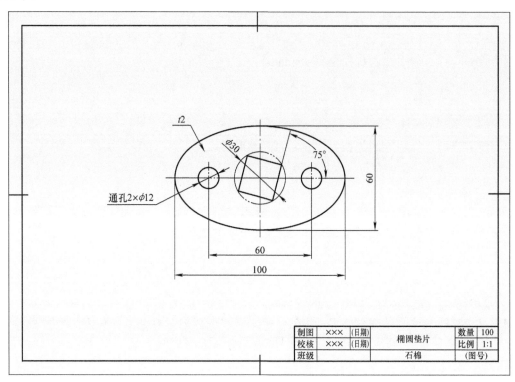

图4-4 椭圆垫片零件图

⟩ 归纳总结

（1）熟悉徒手绘制图形的概念。
（2）掌握徒手绘制构成图形的基本要素的画法技巧。
（3）掌握徒手绘制几何图形的方法。

⟩ 结果

📖 1. 自我评价

☐ 了解了什么是徒手绘制图形。
☐ 掌握了徒手绘制构成图形的基本要素的画法技巧。
☐ 基本掌握了徒手绘制几何图形的方法。
☐ 工作页已完成并提交。
☐ 工作页未完成，未完成的原因：＿＿＿＿＿＿＿＿＿＿＿＿。

📖 2. 教师评价

（1）工作页
☐ 已完成并提交。
☐ 未完成，未完成的原因：＿＿＿＿＿＿＿＿＿＿＿＿。
（2）徒手绘制方形垫片平面图形
☐ 已完成，质量较好。
☐ 已完成，质量一般。
☐ 未完成，未完成的原因：＿＿＿＿＿＿＿＿＿＿＿＿＿＿＿＿。
（3）5S 评价
☐ 工具、学习资料摆放整齐。
☐ 环境整齐、干净。

📖 3. 学生总结
你学会了哪些知识？你掌握了哪些技能？你养成了哪些好习惯？将其总结在下面的方格内。

项目 5

测绘一级直齿圆柱齿轮减速器从动齿轮组件

任务单

任务载体	一级直齿圆柱齿轮减速器从动齿轮组件  →  + 
学习目标	1. 知识、技能 （1）通过拆卸一级直齿圆柱齿轮减速器了解其基本构成，明确组件的概念 （2）通过拆卸从动齿轮组件，对齿轮、从动轴和普通平键有一个初步认知 （3）以从动轴为载体，分析其结构特点，分析绘制零件草图需要的条件，明确零件草图和零件测绘的概念；通过绘制从动轴的零件草图，掌握零件草图的内容以及绘制零件草图的步骤 （4）通过绘制从动轴的零件草图，运用前面所学知识，确定合适的表达方案 （5）以从动齿轮为载体，引导学生认识常见的各类单个内、外齿轮，以及多联齿轮和相互啮合的齿轮 （6）以从动齿轮为载体，掌握直齿圆柱齿轮各个要素的名称以及标准直齿圆柱齿轮的 3 个主要参数的名称和它们之间的相互关系 （7）以从动齿轮为载体，掌握偶数齿齿轮和奇数齿齿轮的齿顶圆直径的测量方法，并且运用相关的齿轮直径与模数、齿数之间的关系计算模数，从而计算分度圆直径和齿根圆直径，绘制齿轮零件草图 2. 提高职业核心能力 （1）提高学生查阅学习资料的能力 （2）提高学生的文字和语言表达能力 （3）提高学生的文字和数字规范书写能力 3. 培养良好的职业素养 通过保持良好绘图坐立姿态，正确摆放书本纸张、铅笔，桌面保持整洁，座椅周围无垃圾杂物，离开教室时物归原处等做法，逐渐培养良好的职业素养
计划学时	16～20 学时
学习要求	测绘轴类零件，绘制零件草图；测绘齿轮零件，绘制齿轮零件草图。要求视图选择恰当，图线使用正确，尺寸标注齐全，技术要求标注合理，标题栏填写正确

工作页	地点		学生		完成/未完成
	教师		时间		优/良/中/及格

在进入学习之前，请大家按照书写要求，规范填写下面表格中的数字。

书写要求：

> 1. 务必用铅笔书写，保证工作页整洁、清晰
> 2. 字迹工整，按框格书写，不要超出答题区域

在每个数字右侧空格内按国家标准规定规范地抄写表中的数字。

1		2		3	
4		5		6	
7		8		9	
0		$\phi 40$			

导入

（1）熟悉一级直齿圆柱齿轮减速器的主要零部件，将图 5-1 中各零部件名称填写在相应的方框内。

5. 课前导读——我国古代齿轮发明史

图 5-1　一级直齿圆柱齿轮减速器零部件

图 5-1 一级直齿圆柱齿轮减速器零部件（续）

（2）上课时好多教师要用到前面介绍的一级直齿圆柱齿轮减速器，由于学校资金紧张，于是号召实训中心的教师和学生自己加工制造这个减速器。你知道在加工制造之前，第一件重要的事情是做什么吗？

（3）同学们都经过了钳工、车工、铣工实训，那么在实训过程中你制作出零件了吗？

（4）在制作零件时，零件的形状和尺寸你是怎样知道的？

（5）你使用的设备和工、量具是根据什么来选择的？

以上问题请同学们回答，填写在下面的表格里。

(2)													
(3)													
(4)													
(5)													

◇ 布置任务

任务 5-1　测绘一级直齿圆柱齿轮减速器的从动轴

子任务 5-1-1　将图 5-2 所示实体的名称填写在下侧的方框内。

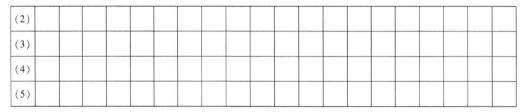

图 5-2　齿轮组件拆分图

微组织 1：检查纠错，学生改正错误。微评价：★★★★★

子任务 5-1-2　结合一级直齿圆柱齿轮减速器从动轴实物，描述它的形状结构特点，用规范的汉字填写在下面的方格内。

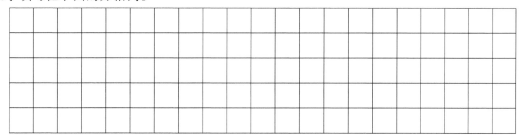

微组织 2：检查纠错，学生改正错误。微评价：★★★★★

子任务 5-1-3　查找资料，了解要想画出完整的一级直齿圆柱齿轮减速器从动轴的零件图，你需要知道哪些内容？你如何才能知道呢？用规范的汉字将答案填写在下面的方格内。

内	容	：												
如	何	知	道	：										

微组织 3：检查纠错，学生改正错误。微评价：★★★★★

子任务 5-1-4　查找教材或通过网络寻找并总结零件测绘的概念，并用规范的汉字填写在下面的方格内。

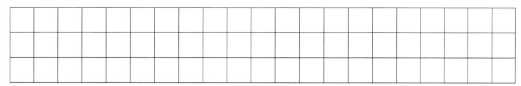

微组织 4：检查纠错，学生改正错误。微评价：★★★★★

子任务 5-1-5　请同学们回答要对零件进行测绘的原因，并用规范的汉字填写在下面的方格内。

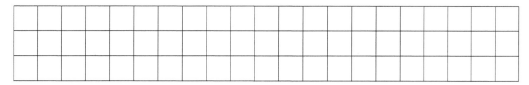

微组织 5：检查纠错，学生改正错误。微评价：★★★★★

子任务 **5-1-6** 零件测绘的第一手资料是什么？请将答案用规范的汉字填写在下面的方格内。

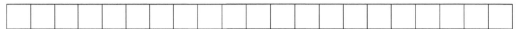

微组织6：检查纠错，学生改正错误。微评价：★★★★★

子任务 **5-1-7** 什么是零件草图？请将答案用规范的汉字填写在下面的方格内。

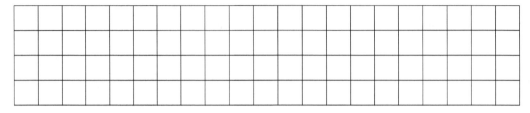

微组织7：检查纠错，学生改正错误。微评价：★★★★★

子任务 **5-1-8** 零件草图应该具备哪些内容？请将答案用规范的汉字填写在下面的方格内。

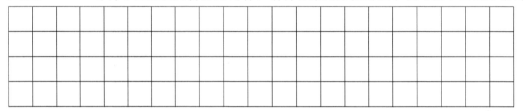

微组织8：检查纠错，学生改正错误。微评价：★★★★★

子任务 **5-1-9** 画零件草图的步骤有哪些？请将答案用规范的汉字填写在下面的方格内。

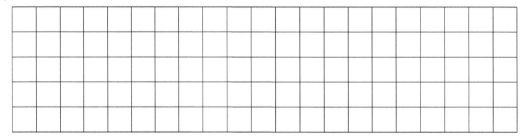

微组织9：检查纠错，学生改正错误。微评价：★★★★★

子任务 **5-1-10** 画一级直齿圆柱齿轮减速器从动轴零件草图。

（1）分析零件，用规范的汉字填写在下面的方格内。

零	件	名	称	:											
零	件	用	途	:											
零	件	材	料	:											
形		状		:											
结		构		:											
分	析	加	工	方	法	:									
分	析	技	术	要	求	:									

（2）选择表达方法，用规范的汉字填写在下面的方格内。

主	视	图		:											
其	他	视	图	:											

（3）画草图。按下面方格内的步骤画草图。

1.	画	图	框	、	标	题	栏	、	确	定	比	例	。			
2.	完	成	视	图	绘	制	。									
3.	画	尺	寸	线	、	尺	寸	界	线	、	箭	头	。			
4.	测	量	尺	寸	,	标	注	在	草	图	上	。				
5.	注	写	技	术	要	求	,	填	写	标	题	栏	。			
6.	校	核	并	加	深	图	线	,	完	成	草	图	绘	制	。	

（4）将上面绘制草图的步骤抄写一遍，填写在下面的方格内。

1.															
2.															
3.															
4.															
5.															
6.															

微组织 10：检查纠错，学生改正错误。微评价：★★★★★

子任务 5-1-11　在下面的空白处开始徒手绘制一级直齿圆柱齿轮减速器从动轴零件草图。

任务 5-2　认识齿轮、齿轮上的结构要素、主要参数及其之间的关系

子任务 5-2-1　结合教材或通过查找网络资料在框中写出图 5-3 所示实体的名称。

图 5-3　各类齿轮及齿轮啮合实体图

微组织 1：检查纠错，学生改正错误。微评价：★★★★★

子任务 5-2-2　通过图 5-3 和同学们查找的资料，总结出齿轮的种类，并用规范的汉字填写在下面的方格内。

1.												
2.												
3.												
4.												
5.												
6.												

微组织 2：检查纠错，学生改正错误。微评价：★★★★★

子任务 5-2-3　结合直齿圆柱齿轮减速器的从动齿轮，总结齿轮零件的形状、结构和作用，并用规范的汉字填写在下面的方格内。

形　状	：										
结　构	：										
作　用	：										

微组织 3：检查纠错，学生改正错误。微评价：★★★★★

子任务 5-2-4　结合教材，请标注图 5-4 所示齿轮上各个部分的名称。

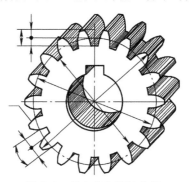

图 5-4　单个直齿圆柱齿轮

微组织 4：检查纠错，学生改正错误。微评价：★★★★★

子任务 5-2-5　请查找资料，写出下表代号所代表齿轮要素及参数的名称。

代号	名称	代号	名称	代号	名称	代号	名称
d_a		h_a		s		p	
d_f		h_f		e		b	
d		h					

得出结论：从上面的表格中可以总结出，所有齿轮都有齿顶圆、齿根圆、分度圆、齿顶高、齿根高、齿高、齿厚、齿距、齿槽宽和齿宽。

微组织5：检查纠错，学生改正错误。微评价：★★★★★

子任务5-2-6 请在下面的方格内抄写上面的结论。写出它们的概念，并将各个要素分别标注在图5-5所示的齿轮实体图和平面图样上。

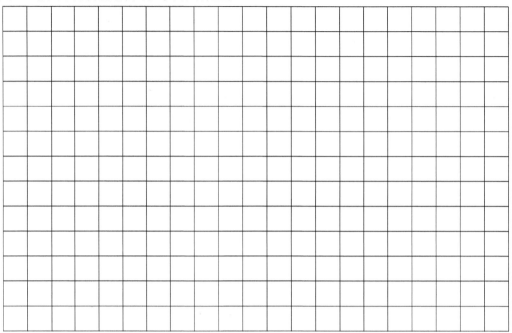

图5-5 齿轮实体图及平面图样

微组织6：检查纠错，学生改正错误。微评价：★★★★★

子任务5-2-7 请查找资料，写出下表中代号所代表的直齿圆柱齿轮主要参数的名称。

代号	名称	代号	名称	代号	名称
z		m		α	

说明1：m 是设计齿轮的重要参数，它与 p 有关系。请参看教材$^{\ominus}$第49页中间一段文字，理解模数的由来及对尺寸结构性能的影响，之后在下面的方格内抄写这段文字。

　　$\ominus$ 文中提到的教材指《机械制图：活页式工作手册》，由闫文平、黄海彬主编。

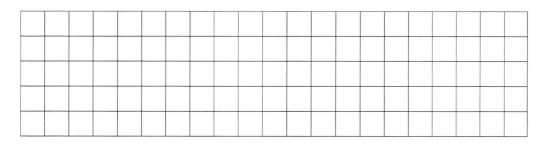

尝试推导 m 与 p 的关系，将过程填入下面的方格内。

说明 2：α 是一对齿轮啮合时，在分度圆上齿廓曲线接触点的法线方向与该点的瞬时速度方向所夹的锐角。

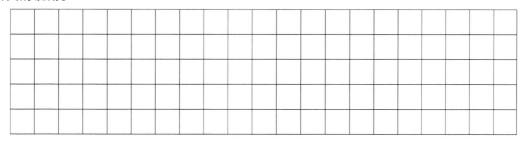

微组织 7：检查纠错，学生改正错误。微评价：★★★★★

子任务 5-2-8 请数一数一级直齿圆柱齿轮减速器从动齿轮有多少个轮齿，测量该齿轮的齿顶圆直径 d_a，分析轮齿的形状是由什么样的曲线（或曲面）围成的，将结果填写在下面的方格中。

齿	数	z	=													
齿	顶	圆	直	径	d_a	=										
曲	线	名	称	：												

讨论 1：说一说画该从动齿轮的零件图需要知道哪些尺寸，并在下面的方格中写出各尺寸的代号即可。

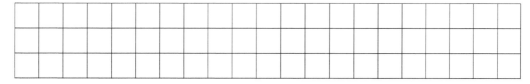

讨论 2：怎样测量这些尺寸？你能测出围成齿轮轮齿齿廓曲线的尺寸吗？将答案填写在下面的方格中。

教师给出结论：当你面对一个直齿圆柱齿轮实物，要绘制它的零件图时，只要测量出它的齿顶圆直径 d_a，数出它的齿数 z 即可。

微组织 8：检查纠错，学生改正错误。微评价：★★★★★

子任务 5-2-9　参阅教材，将齿顶圆直径 d_a、齿根圆直径 d_f、分度圆直径 d、齿数 z 及齿轮的模数 m 之间的尺寸关系写在下面的框格中。

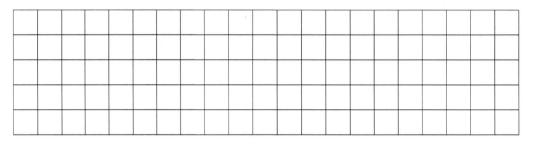

微组织9：检查纠错，学生改正错误。微评价：★★★★★

子任务 5-2-10　绘制齿轮零件图时是不是需要把所有的轮齿都绘制出来？为什么？将答案用规范的汉字填写在下面的方格中。

微组织10：检查纠错，学生改正错误。微评价：★★★★★

子任务 5-2-11　国家标准是如何规定单个直齿圆柱齿轮画法的？请参阅教材第49页和第50页，将规定画法写在下面的方格中。

单	个	齿	轮	的	规	定	画	法	：							
齿	轮	轮	齿	部	分	的	画	法	：							

微组织11：检查纠错，学生改正错误。微评价：★★★★★

任务 5-3　测绘一级直齿圆柱齿轮减速器的从动齿轮

子任务 5-3-1　参阅教材第 50 页，在下面的方格中写出测绘一级直齿圆柱齿轮减速器从动齿轮的步骤。

1.																	
2.																	
3.																	
4.																	
5.																	
6.																	

微组织 1：检查纠错，学生改正错误。微评价：★★★★★

子任务 5-3-2　请比较图 5-6 所示的两个图形，数一数两齿轮的齿数是否相同？测量齿顶圆直径时哪个齿轮能直接测出？将结果填写在对应的框格中。

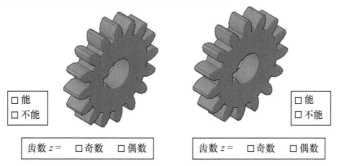

□能
□不能

□能
□不能

齿数 $z=$　□奇数　□偶数

齿数 $z=$　□奇数　□偶数

图 5-6　偶数齿轮和奇数齿轮实体图

微组织 2：检查纠错，学生改正错误。微评价：★★★★★

子任务 5-3-3　仔细分析图 5-7 所示图样中示意表达的含义，在下面的方格中总结奇数齿齿轮和偶数齿齿轮的齿顶圆直径测量方法。

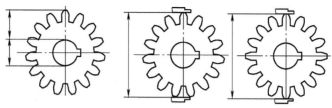

图5-7 偶数齿齿轮和奇数齿齿轮的齿顶圆直径测量方法

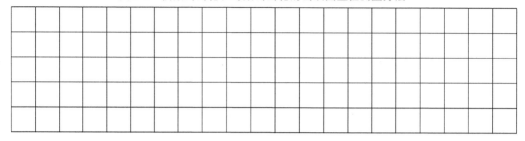

微组织3：检查纠错，学生改正错误。微评价：★ ★ ★ ★ ★

子任务5-3-4 请根据测量出的齿顶圆直径 d_a 和齿数 z 计算出模数 m 的值，再根据国家标准规定的标准模数 m 值（见表5-1），选择出标准模数值（尽量选择第一系列）。

表5-1 标准模数（摘自 GB/T 1357—2008） （单位：mm）

齿轮类型	模数系列	标准模数 m
圆柱齿轮	第一系列（优先选用）	1, 1.25, 1.5, 2, 2.5, 3, 4, 5, 6, 8, 10, 12, 16, 20, 25, 32, 40, 50
	第二系列	1.125, 1.375, 1.75, 2.25, 2.75, 3.5, 4.5, 5.5, (6.5), 7, 9, 11, 14, 18, 22, 28, 36, 45

注：选用圆柱齿轮模数时，应优先选用第一系列，其次选用第二系列，避免采用括号内的模数。

微组织4：检查纠错，学生改正错误。微评价：★ ★ ★ ★ ★

子任务5-3-5 计算出分度圆直径 d 和齿根圆直径 d_f。

微组织5：检查纠错，学生改正错误。微评价：★ ★ ★ ★ ★

子任务5-3-6 测量出一级直齿圆柱齿轮减速器从动齿轮的齿圈直径 d_1、轮毂外径 d_2、内径 D、轮毂长度 L、齿宽 b 和键槽的尺寸等，分别填写在下面的方格内。

1.	d_1	=		2.	d_2	=	
3.	D	=		4.	L	=	
5.	b	=		6.	$d - t_1$	=	

微组织6：检查纠错，学生改正错误。微评价：★ ★ ★ ★ ★

子任务 5-3-7　根据国家标准的规定画法，选择合适的图纸幅面及比例，绘制一级直齿圆柱齿轮减速器从动齿轮的零件图。

表达方法选择说明如下：

（1）主视图采用基本视图，左视图为反映圆的基本视图。

（2）主视图采用全剖视图，左视图为反映圆的基本视图。

（3）主视图采用半剖视图，左视图为反映轮毂的局部视图。

微组织 7：检查纠错，学生改正错误。微评价：★★★★★

归纳总结

（1）熟悉齿轮的种类。

（2）掌握直齿圆柱齿轮的形状及结构特点。

（3）掌握直齿圆柱齿轮的结构要素、主要参数以及结构要素与参数之间的尺寸关系。

（4）掌握直齿圆柱齿轮测绘方法及步骤。

（5）掌握单个直齿圆柱齿轮的规定画法。

（6）掌握奇数齿和偶数齿齿轮齿顶圆直径尺寸的测量方法。

（7）掌握通过测量齿轮实物的齿顶圆直径和数出的齿数计算模数的方法。

（8）能够通过模数和齿数计算出齿根圆直径和分度圆直径。

（9）学会通过查表确定键槽尺寸的方法。

（10）能够绘制一级直齿圆柱齿轮减速器从动齿轮的零件图草图。

（11）能够绘制一级直齿圆柱齿轮减速器从动齿轮的零件图。

结果

📖 1. 自我评价

□ 初步熟悉齿轮的种类。

□ 掌握了直齿圆柱齿轮的形状及结构特点。

□ 掌握了直齿圆柱齿轮的结构要素、主要参数以及结构要素与参数之间的尺寸关系。

□ 掌握了直齿圆柱齿轮测绘方法及步骤。

□ 掌握了单个直齿圆柱齿轮的规定画法。

□ 掌握了奇数齿和偶数齿齿轮齿顶圆尺寸的测量方法。

□ 掌握了通过测量齿轮实物的齿顶圆直径和数出的齿数计算模数的方法。

□ 掌握了通过模数和齿数计算出齿根圆直径和分度圆直径的方法。

□ 学会了通过查表确定键槽尺寸的方法。

□ 掌握了绘制一级直齿圆柱齿轮减速器从动齿轮的零件图草图的方法。

□ 掌握了绘制一级直齿圆柱齿轮减速器从动齿轮的零件图的方法。

□ 工作页已完成并提交。

□ 工作页未完成，未完成的原因：_____。

📖 2. 教师评价

（1）工作页

□ 已完成并提交。

□ 未完成，未完成的原因：_____。

（2）测绘从动齿轮轴并绘制零件草图

□ 已完成，质量较好。

□ 已完成，质量一般。

□ 未完成，未完成的原因：_____。

（3）测绘从动齿轮并绘制零件草图

□ 已完成，质量较好。

□ 已完成，质量一般。

□ 未完成，未完成的原因：_____。

（4）5S 评价

□ 工具、学习资料摆放整齐。

□ 环境整齐、干净。

📖 3. 学生总结

你学会了哪些知识？你掌握了哪些技能？你养成了哪些好习惯？将其总结在下面的方格内。

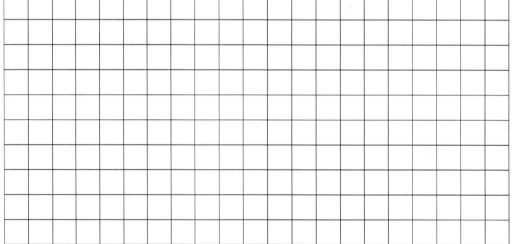

项目 6

绘制一级直齿圆柱齿轮减速器从动齿轮组件装配示意图和装配图

⤷ **任务单**

任务载体	一级直齿圆柱齿轮减速器从动齿轮组件图
学习目标	1. 知识、技能 （1）了解装配图的概念、内容和作用 （2）掌握装配图的画法规定 （3）掌握装配图的特殊画法 （4）掌握装配图的尺寸标注方法 （5）掌握装配图技术要求的注写方法 （6）了解装配示意图的画法、作用及记录的内容 （7）采用合适的表达方法绘制一级直齿圆柱齿轮减速器从动齿轮组件装配图 2. 提高职业核心能力 （1）提高学生查阅学习资料的能力 （2）提高学生的文字和语言表达能力 （3）提高学生的文字和数字规范书写能力 3. 培养良好的职业素养 通过保持良好绘图坐立姿态，正确摆放书本纸张、铅笔，桌面保持整洁，座椅周围无垃圾杂物，离开教室时物归原处等做法，逐渐培养良好的职业素养
计划学时	6~10 学时
学习要求	按照绘图步骤，徒手绘制一级直齿圆柱齿轮减速器从动齿轮组件装配图，图线使用正确，线型均匀、清晰，尺寸标注齐全，技术要求合理，标题栏、明细栏内容填写正确并符合国家标准要求

工作页	地点		学生		完成/未完成
	教师		时间		优/良/中/及格

在进入学习之前，请大家按照书写要求，规范填写下面表格中的数字。

书写要求：

1. 务必用铅笔书写，保证工作页整洁、清晰
2. 字迹工整，按框格书写，不要超出答题区域

在每个数字右侧空格内按国家标准规定规范地抄写表中的数字。

1		2		3	
4		5		6	
7		8		9	
0		$\phi 40$			

⊃ 导入

（1）请同学们尝试按照图 6-1 中箭头所指方向，在下面的框格内徒手画出一级直齿圆柱齿轮减速器从动齿轮组件的主视图。

6. 课前导读——秦、汉代
发明的齿轮

主视图方向

图 6-1　一级直齿圆柱齿轮减速器从动齿轮组件

（2）请同学们观察图6-2，在图旁的框格内写出对应件的名称。

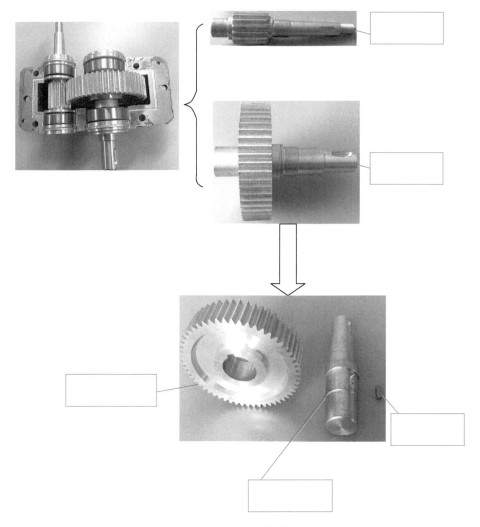

图 6-2　齿轮组件拆分过程

（3）什么是组件？组件和零件之间的关系是什么？请用规范的汉字填写在下面的方格内。

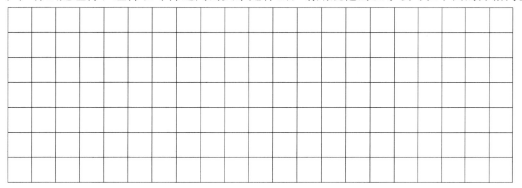

▷ 布置任务

任务 6-1　认识装配图

子任务 6-1-1　请同学们仔细观察图 6-3 所示的图样，根据剖面线的方向和距离，判断图样中有几个零件，在下面的方格内标上序号并描述零件的形状。

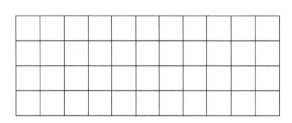

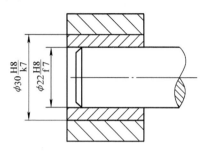

图 6-3　装配图举例一

微组织 1：检查纠错，学生改正错误。微评价：★★★★★

子任务 6-1-2　抄写图 6-3 中图样上的尺寸数字，结合教材弄懂它们的含义，并用规范的汉字填写在下面的方格中。

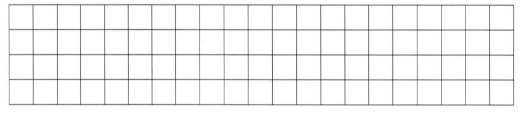

微组织 2：检查纠错，学生改正错误。微评价：★★★★★

子任务 6-1-3　分别在下面的空白处徒手绘制出图 6-3 所示图样中零件的主视图。

微组织 3：检查纠错，学生改正错误。微评价：★★★★★

子任务 6-1-4　什么是装配图？它的作用是什么？它和零件图的主要区别有哪些？请用规范的汉字填写在下面的方格内。

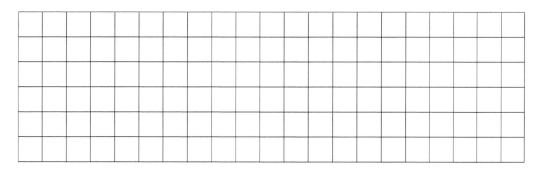

微组织 4：检查纠错，学生改正错误。微评价：★★★★★

子任务 6-1-5 装配图的内容包括哪些？请用规范的汉字填写在下面的方格内。

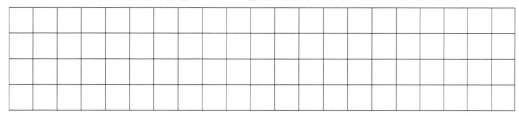

微组织 5：检查纠错，学生改正错误。微评价：★★★★★

子任务 6-1-6 装配图有哪些规定画法？请用规范的汉字填写在下面的方格内。

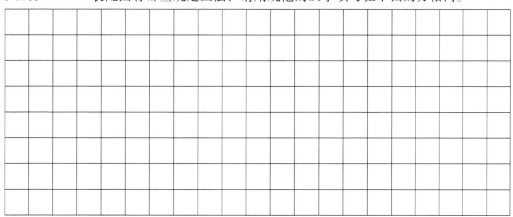

微组织 6：检查纠错，学生改正错误。微评价：★★★★★

子任务 6-1-7 装配图有哪些特殊画法？请用规范的汉字填写在下面的方格内。

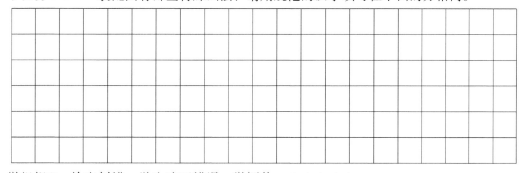

微组织 7：检查纠错，学生改正错误。微评价：★★★★★

子任务 6-1-8　观察图 6-4 所示的图样，判断它由几个零件装配而成，其中哪个零件存在不合理结构？在下面的方格内标注零件的序号，并说明如何优化不合理的结构。

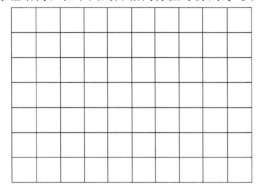

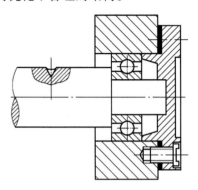

图 6-4　装配图举例二

微组织 8：检查纠错，学生改正错误。微评价：★★★★★

子任务 6-1-9　拆画图 6-4 所示的装配图，根据目测尺寸，在下面空白处徒手绘制零件该方向上的视图，有配合关系的零件保证相互之间的尺寸要一致。

任务 6-2　绘制一级直齿圆柱齿轮减速器从动齿轮组件的装配示意图

子任务 6-2-1　什么是装配示意图？请用规范的汉字填写在下面的方格内。

微组织 1：检查纠错，学生改正错误。微评价：★★★★★

子任务 6-2-2　装配示意图记录了什么？请用规范的汉字填写在下面的方格内。

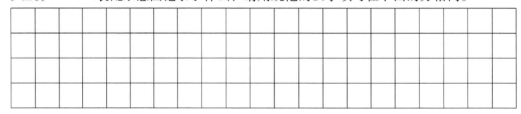

微组织 2：检查纠错，学生改正错误。微评价：★★★★★

子任务 6-2-3　结合教材内容，将一级直齿圆柱齿轮减速器从动齿轮组件拆卸后的零件记录在下面的表格中。

步骤次序	拆卸内容	遇到的问题及注意事项	说明
1			
2			
3			

微组织 3：检查纠错，学生改正错误。微评价：★★★★★

子任务 6-2-4 结合教材中的装配示意图内容，在右侧空白框格内徒手绘制一级直齿圆柱齿轮减速器从动齿轮组件装配示意图，并标注零件的名称。

说明：

轴的示意图：━━━━

齿轮示意图：

键联结：✕

微组织 4：检查纠错，学生改正错误。微评价：★★★★★

任务 6-3 绘制一级直齿圆柱齿轮减速器从动齿轮组件的装配图

子任务 6-3-1 结合教材，总结装配图中的尺寸有哪些，并用规范的汉字填写在下面的方格内。

微组织 1：检查纠错，学生改正错误。微评价：★★★★★

子任务 6-3-2 根据一级直齿圆柱齿轮减速器从动齿轮组件装配示意图，徒手绘制装配图，图纸幅面自选，绘制图框、标题栏、明细栏，填写标题栏、明细栏并标注零件序号。

微组织 2：检查纠错，学生改正错误。微评价：★★★★★

▷ 归纳总结

（1）知道什么是装配示意图。
（2）掌握装配示意图所表达的内容。
（3）掌握装配图与零件图的不同和联系。
（4）掌握装配图的内容及作用。
（5）掌握通过装配示意图绘制装配图的方法。

⟩ 结果

📖 1. 自我评价

□ 了解了什么是装配示意图。

□ 掌握了装配示意图所表达的内容。

□ 掌握了装配图与零件图的不同和联系。

□ 掌握了装配图的内容及作用。

□ 掌握了通过装配示意图绘制装配图的方法。

□ 工作页已完成并提交。

□ 工作页未完成，未完成的原因：_____。

📖 2. 教师评价

（1）工作页

□ 已完成并提交。

□ 未完成，未完成的原因：_____。

（2）徒手绘制从动齿轮组件装配图

□ 已完成，质量较好。

□ 已完成，质量一般。

□ 未完成，未完成的原因：_____。

（3）5S 评价

□ 工具、学习资料摆放整齐。

□ 环境整齐、干净。

📖 3. 学生总结

你学会了哪些知识？你掌握了哪些技能？你养成了哪些好习惯？请用规范的汉字填写在下面的方格内。

项目 7

测绘一级直齿圆柱齿轮减速器主动齿轮轴

任务单

任务载体	一级直齿圆柱齿轮减速器主动齿轮轴
学习目标	1. 知识、技能 （1）分析一级直齿圆柱齿轮减速器主动齿轮轴的结构形状和尺寸类型 （2）如何得出一级直齿圆柱齿轮减速器主动齿轮轴的模数 （3）分析一级直齿圆柱齿轮减速器主动齿轮轴零件的技术要求 （4）选择合适的表达方案，绘制零件草图 2. 提高职业核心能力 （1）提高学生查阅学习资料的能力 （2）提高学生的文字和语言表达能力 （3）提高学生的文字和数字规范书写能力 3. 培养良好的职业素养 　通过保持良好绘图坐立姿态，正确摆放书本纸张、铅笔，桌面保持整洁，座椅周围无垃圾杂物，离开教室时物归原处等做法，逐渐培养良好的职业素养
计划学时	10～12 学时
学习要求	按照绘图步骤，徒手绘制一级直齿圆柱齿轮减速器主动齿轮轴的零件草图，图线使用正确，线型均匀、清晰，尺寸标注齐全，技术要求合理，标题栏内容填写正确并符合国家标准要求

工作页	地点		学生		完成/未完成
	教师		时间		优/良/中/及格

在进入学习之前，请大家按照书写要求，规范填写下面表格中的数字。

书写要求：

> 1. 务必用铅笔书写，保证工作页整洁、清晰
> 2. 字迹工整，按框格书写，不要超出答题区域

在每个数字右侧空格内按国家标准规定规范地抄写表中的数字。

1		2		3	
4		5		6	
7		8		9	
0		$\phi40$			

导入

结合图 7-1 所示的实物，用指引线指出齿轮轴所在的位置，并写上它的名称。

7. 课前导读——艺术
创新的语言"岩画"

图 7-1　一级直齿圆柱齿轮减速器

布置任务

任务 7-1　认识齿轮轴

子任务 7-1-1　仔细观察一级直齿圆柱齿轮减速器主动齿轮轴，用规范的汉字在下面的方格

中描述它的形状和结构。

形　状	:												
结　构	:												

微组织 1：检查纠错，学生改正错误。微评价：★★★★★

子任务 7-1-2　数出一级直齿圆柱齿轮减速器主动齿轮轴的齿数，并在下面的方格中说明如何得出模数。

齿　数	z	=											
模　数	m	=											

微组织 2：检查纠错，学生改正错误。微评价：★★★★★

子任务 7-1-3　若绘制一级直齿圆柱齿轮减速器主动齿轮轴零件草图，需要知道哪些尺寸？请用规范的汉字填写在下面的方格内。

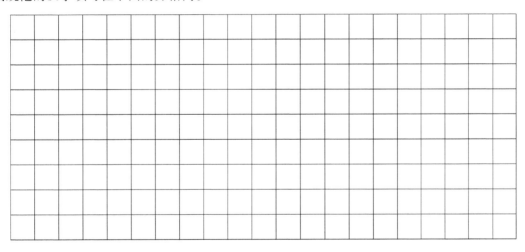

微组织 3：检查纠错，学生改正错误。微评价：★★★★★

子任务 7-1-4　你知道一级直齿圆柱齿轮减速器主动齿轮轴零件的技术要求有哪些吗？请用规范的汉字填写在下面的方格内。

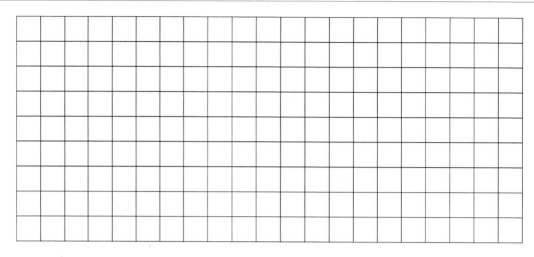

微组织 4：检查纠错，学生改正错误。微评价：★★★★★

任务 7-2　绘制一级直齿圆柱齿轮减速器主动齿轮轴零件草图

子任务 7-2-1　一级直齿圆柱齿轮减速器主动齿轮轴零件草图的内容有哪些？请工整地填写在下面的方格内。

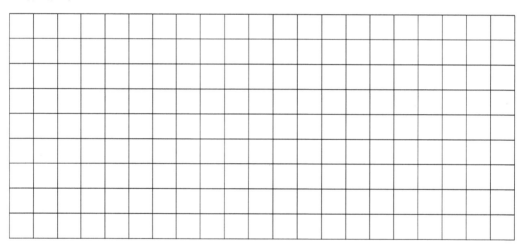

微组织 1：检查纠错，学生改正错误。微评价：★★★★★

子任务 7-2-2　请在下面的方格内填写出绘制一级直齿圆柱齿轮主动齿轮轴零件草图的步骤。

（空白格子区域）

微组织 2：检查纠错，学生改正错误。微评价：★★★★★

子任务 7-2-3　选择 A4 幅面图纸及合适的比例，按照一级直齿圆柱齿轮主动齿轮轴零件的结构特点，徒手绘制其零件草图。

微组织 3：检查纠错，学生改正错误。微评价：★★★★★

任务 7-3　绘制从动齿轮与主动齿轮轴啮合的草图

子任务 7-3-1　请仔细观察图 7-2 所示的图样，回答下面的问题。

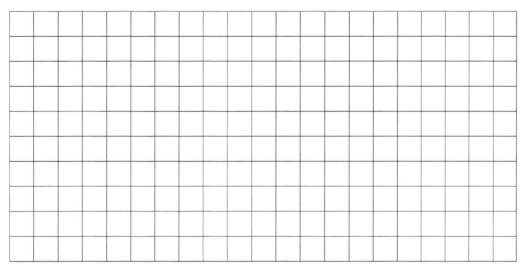

图 7-2　从动齿轮与主动齿轮轴啮合实体图

| 1. | 图 | 中 | 有 | （ | | | ） | 齿 | 轮 | 。 | | | |
| 2. | 它 | 们 | 的 | 位 | 置 | 是 | 相 | 互 | （ | | | ） | 。 |

微组织 1：检查纠错，学生改正错误。微评价：★★★★★

子任务 7-3-2　查找资料，描述齿轮啮合的概念。

（空白格子区域）

微组织 2：检查纠错，学生改正错误。微评价：★★★★★

子任务 7-3-3 观察下面图 7-3 所示的一对啮合齿轮，找到啮合区，观察啮合区的画法，并将正确答案填写在下面的方格内。

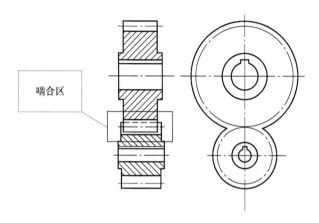

图 7-3 齿轮啮合图样

1.	主	视	图	啮	合	区	共	（			）	条	线	，	1	条	（			）	线
4	条	（				）	线	。													
2.	左	视	图	啮	合	区	的	（			）	圆	相	切	，	齿	（			）	圆
省	略	不	画	，	齿	（			）	圆	相	交	区	域	省	略	。				

微组织 3：检查纠错，学生改正错误。微评价：★ ★ ★ ★ ★

归纳总结

（1）掌握齿轮轴与齿轮的区别。
（2）会描述齿轮轴的形状和结构。
（3）知道绘制齿轮轴零件草图所需的尺寸及参数。

结果

1. 自我评价
□ 掌握了齿轮轴与齿轮的区别。
□ 能够描述齿轮轴的形状和结构。
□ 掌握了绘制齿轮轴零件草图所需的尺寸及参数。
□ 工作页已完成并提交。
□ 工作页未完成，未完成的原因：＿＿＿＿＿＿＿＿＿＿＿＿。

2. 教师评价
（1）工作页
□ 已完成并提交。
□ 未完成，未完成的原因：＿＿＿＿＿＿＿＿＿＿＿＿。
（2）徒手绘制齿轮轴零件草图
□ 已完成，质量较好。

□ 已完成，质量一般。

□ 未完成，未完成的原因：_____ 。

（3）5S 评价

□ 工具、学习资料摆放整齐。

□ 环境整齐、干净。

3. 学生总结

你学会了哪些知识？你掌握了哪些技能？你养成了哪些好习惯？请用规范的汉字填写在下面的方格内。

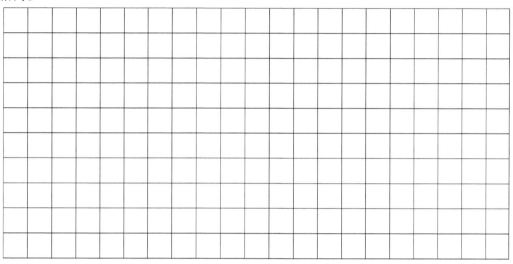

项目 8

测绘一级直齿圆柱齿轮减速器中的盘套类零件

▷ **任务单**

任务载体	一级直齿圆柱齿轮减速器中的盘套类零件  
学习目标	1. 知识、技能 （1）分析盘套类零件的结构形状和尺寸类型 （2）分析盘套类零件的技术要求 （3）选择合适的表达方案，绘制零件草图 （4）学会相同结构、不同尺寸零件的表达方法 2. 提高职业核心能力 （1）提高学生查阅学习资料的能力 （2）提高学生的文字和语言表达能力 （3）提高学生的文字和数字规范书写能力 3. 培养良好的职业素养 通过保持良好绘图坐立姿态，正确摆放书本纸张、铅笔，桌面保持整洁，座椅周围无垃圾杂物，离开教室时物归原处等做法，逐渐培养良好的职业素养
计划学时	10 ~ 12 学时
学习要求	按照绘图步骤，徒手绘制端盖、挡圈等零件的零件草图，图线使用正确，线型均匀、清晰，尺寸标注齐全，技术要求合理，标题栏内容填写正确，符合国家标准要求

工作页	地点		学生		完成/未完成
	教师		时间		优/良/中/及格

在进入学习之前，请大家按照书写要求，规范填写下面表格中的数字。

书写要求：

1. 务必用铅笔书写，保证工作页整洁、清晰
2. 字迹工整，按框格书写，不要超出答题区域

在每个数字右侧空格内按国家标准规定规范地抄写表中的数字。

1		2		3	
4		5		6	
7		8		9	
0		$\phi 40$			

导入

如图 8-1 所示，结合一级直齿圆柱齿轮减速器实物，对照图样，在框格内写出零件的名称。

8. 课前导读——标准件和
标准化的起源

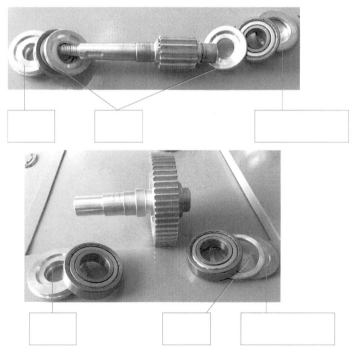

图 8-1　一级直齿圆柱齿轮减速器中的部分零件

▷ 布置任务

任务 8-1　测绘一级直齿圆柱齿轮减速器中的端盖

子任务 8-1-1　仔细观察一级直齿圆柱齿轮减速器的端盖，说一说端盖的种类，并在下面的方格内描述它的形状和结构。

微组织 1：检查纠错，学生改正错误。微评价：★★★★★

子任务 8-1-2　说一说端盖上主要的尺寸类型，在下面的方格内加以说明。

微组织 2：检查纠错，学生改正错误。微评价：★★★★★

子任务 8-1-3　若测绘大闷盖零件，需要测量哪些尺寸？在下面的方格内进行说明。

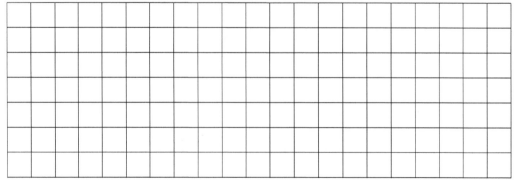

微组织 3：检查纠错，学生改正错误。微评价：★★★★★

子任务 8-1-4　你采用了什么样的表达方法（哪几个视图或剖视图）来表达大闷盖的形状结构？在下面的方格内进行说明。

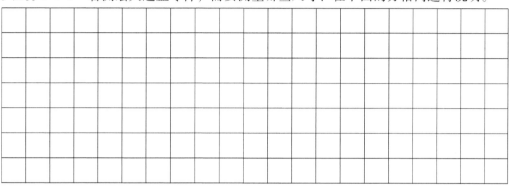

微组织 4：检查纠错，学生改正错误。微评价：★★★★★

子任务 8-1-5　若测绘大透盖零件，需要测量哪些尺寸？在下面的方格内进行说明。

微组织 5：检查纠错，学生改正错误。微评价：★★★★★

子任务 8-1-6　你采用了什么表达方法（哪几个视图或剖视图）来表达大透盖的形状结构？在下面的方格内进行说明。

微组织 6：检查纠错，学生改正错误。微评价：★★★★★

子任务 8-1-7　选择 A4 幅面图纸及合适的比例，按照大闷盖和大透盖的结构特点，徒手绘制它们的零件草图（每个零件用一张图纸）。

微组织 7：检查纠错，学生改正错误。微评价：★★★★★

子任务 8-1-8　选择 A4 幅面图纸及合适的比例，按照小闷盖和小透盖的结构特点，徒手绘制它们的零件草图（每个零件用一张图纸）。

微组织 8：检查纠错，学生改正错误。微评价：★★★★★

任务 8-2　绘制一级直齿圆柱齿轮减速器中调整环、挡圈的零件草图

子任务 8-2-1　一级直齿圆柱齿轮减速器中的挡圈有几个？它们的作用是什么？在下面的方格中进行说明。

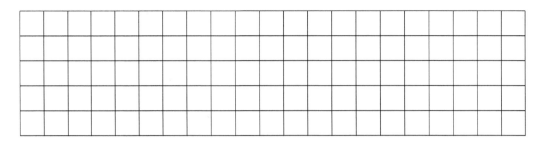

微组织1：检查纠错，学生改正错误。微评价：★★★★★

子任务8-2-2 一级直齿圆柱齿轮减速器中有没有轴套？如果有，起什么作用？用规范的汉字填写在下面的方格内。

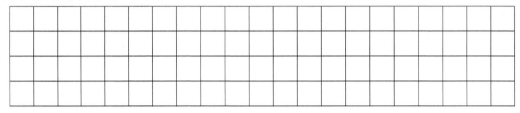

微组织2：检查纠错，学生改正错误。微评价：★★★★★

子任务8-2-3 选择A4幅面图纸及合适的比例，按照挡圈和轴套的结构特点，徒手绘制它们的零件草图。

微组织3：检查纠错，学生改正错误。微评价：★★★★★

▷ 归纳总结

（1）掌握端盖的种类、结构及特点。
（2）掌握端盖的主要尺寸类型。
（3）掌握端盖常采用的视图表达方法。
（4）掌握减速器中挡圈和轴套的结构形状，采用的表达方法。

▷ 结果

1. 自我评价

□ 掌握了端盖的种类、结构和特点。
□ 掌握了端盖的主要尺寸类型。
□ 掌握了端盖常采用的视图表达方法。
□ 掌握了减速器中的挡圈和轴套的结构形状，采用的表达方法。
□ 工作页已完成并提交。
□ 工作页未完成，未完成的原因：_____。

📖 2. 教师评价

（1）工作页

□ 已完成并提交。

□ 未完成，未完成的原因：_____ 。

（2）徒手绘制端盖的零件草图

（3）徒手绘制挡圈的零件草图

□ 已完成，质量较好。

□ 已完成，质量一般。

□ 未完成，未完成的原因：_____ 。

（4）5S 评价

□ 工具、学习资料摆放整齐。

□ 环境整齐、干净。

📖 3. 学生总结

你学会了哪些知识？你掌握了哪些技能？你养成了哪些好习惯？用规范的汉字填写在下面的方格内。

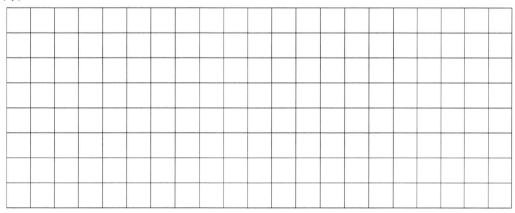

项目 ⑨

一级直齿圆柱齿轮减速器中的标准件

任务载体	一级直齿圆柱齿轮减速器中的螺栓组件、螺钉、销、键和轴承 
学习目标	1. 知识、技能 （1）认识一级直齿圆柱齿轮减速器中的标准件——螺栓、螺母、垫圈、螺钉、销、键和轴承 （2）会识读一级直齿圆柱齿轮减速器中的标准件——螺栓、螺母、垫圈、螺钉、销、键和轴承的零件图和连接图 （3）通过测量标准件螺栓公称直径及长度，结合国家标准确定螺栓标记，并由螺栓的公称直径确定出螺母、垫圈的标记 （4）通过测量标准件螺钉公称直径及长度，结合国家标准确定螺钉标记 （5）通过测量标准件销的长度和两端直径，判断是圆锥销还是圆柱销，结合国家标准确定销的标记 （6）通过测量标准件键的宽、高和长，结合国家标准确定键的标记 （7）通过观察轴承的结构及端部的标记，识读轴承标记，并掌握不同类型轴承的作用；根据轴承的标记确定轴承内圈的直径 （8）识读轴承在装配图中的画法 2. 提高职业核心能力 （1）提高学生查阅学习资料的能力 （2）提高学生的文字和语言表达能力 （3）提高学生的文字和数字规范书写能力 3. 培养良好的职业素养 通过保持良好绘图坐立姿态，正确摆放书本纸张、铅笔，桌面保持整洁，座椅周围无垃圾杂物，离开教室时物归原处等做法，逐渐培养良好的职业素养
计划学时	12～16 学时
学习要求	识读螺栓、螺母、垫圈的标记，以及零件图、联接图；识读螺钉标记、联接图；识读销的联接图及键的联结图；识读轴承的标记及在装配体中的画法

工作页	地点		学生		完成/未完成
	教师		时间		优/良/中/及格

在进入学习之前，请大家按照书写要求，规范填写下面表格中的数字。

书写要求：

> 1. 务必用铅笔书写，保证工作页整洁、清晰
> 2. 字迹工整，按框格书写，不要超出答题区域

在每个数字右侧空格内按国家标准规定规范地抄写表中的数字。

1		2		3	
4		5		6	
7		8		9	
0		M40			

▷ 导入

如图 9-1 所示，结合一级直齿圆柱齿轮减速器实物，对照图样，在对应框格内写出零件的名称。

9. 课前导读——古代的发明家

图 9-1　一级直齿圆柱齿轮减速器中的标准件

▷ 布置任务

任务 9-1　找出一级直齿圆柱齿轮减速器中的标准件

把标准件填写在下面的表格内。

序号	名称	数量	序号	名称	数量

微组织：检查纠错，学生改正错误。微评价：★★★★★

任务9-2　绘制一级直齿圆柱齿轮减速器中螺栓组件的零件图

子任务9-2-1　找到一级直齿圆柱齿轮减速器中的螺栓组件，将组件中的零件名称、数量填写在下面的表格中。通过测量尺寸，结合国家标准填写它们的标记。

序号	名称	数量	公称直径	标记	国家标准号

微组织1：检查纠错，学生改正错误。微评价：★★★★★

子任务9-2-2　徒手绘制螺栓、螺母和垫圈零件图（不标尺寸）。

（1）在下面的框格内徒手绘制螺栓零件图。

（2）在下面的框格内徒手绘制螺母零件图。

（3）在下面的框格内徒手绘制垫圈零件图。

微组织2：检查纠错，学生改正错误。微评价：★★★★★

子任务9-2-3　图9-2所示的图样你能看懂吗？图样里面有几个零件？分别是什么零件？这个图样表达了什么含义？请写在下面的方格内。

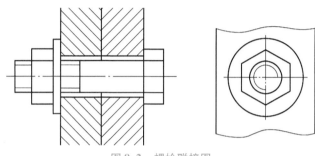

图9-2　螺栓联接图

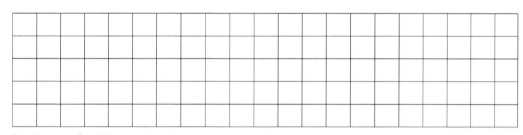

微组织3：检查纠错，学生改正错误。微评价：★★★★★

子任务9-2-4　请结合教材将上面图样中的零件分别用指引线标注出它们的名称（标注在主视图上）。

微组织4：检查纠错，学生改正错误。微评价：★★★★★

任务9-3　绘制一级直齿圆柱齿轮减速器中螺钉的零件图

子任务9-3-1　找出一级直齿圆柱齿轮减速器中的所有螺钉，填写在下面的表格中。

名称	数量	公称直径	长度	标记	作用

微组织1：检查纠错，学生改正错误。微评价：★★★★★

子任务9-3-2 图9-3所示的图样你能看懂吗？请结合教材用指引线指出图样上每个零件的名称，标注左视图中的角度值。

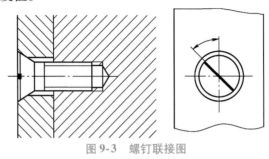

图9-3 螺钉联接图

微组织2：检查纠错，学生改正错误。微评价：★★★★★

子任务9-3-3 在下面的框格内徒手画出图9-3所示图样中螺钉零件的主视图。

微组织3：检查纠错，学生改正错误。微评价：★★★★★

任务9-4 绘制一级直齿圆柱齿轮减速器中销的联接图

子任务9-4-1 观察一级直齿圆柱齿轮减速器中销的形状，测量它的尺寸并进行标记，将结果填写在下表中。

名称	符号	测量数值/mm	标记	国家标准号	作用
直径					
销长度					

微组织1：检查纠错，学生改正错误。微评价：★★★★★

子任务9-4-2 观察图9-4所示的两个销的不同之处，将不同点写在右边的框格内。

销1 销2
图9-4 销实体图

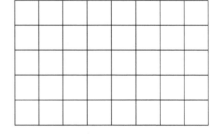

微组织2：检查纠错，学生改正错误。微评价：★★★★★

子任务 9-4-3 你能看懂图 9-5 所示的两个图样吗？它们表达了什么含义？写在右侧的框格内。

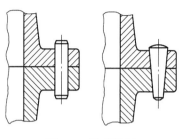

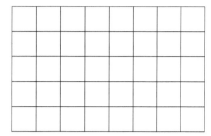

图 9-5 销联接图

微组织 3：检查纠错，学生改正错误。微评价：★★★★★

子任务 9-4-4 在下面框格内分别徒手抄画图 9-5 所示两种销的联接图。

微组织 4：检查纠错，学生改正错误。微评价：★★★★★

任务 9-5 绘制一级直齿圆柱齿轮减速器中键的联结图

子任务 9-5-1 观察一级直齿圆柱齿轮减速器中键的形状，测量它的尺寸并进行标记，将结果填入下表中。

名称	符号	测量数值/mm	标记	国家标准号	作用
长度					
宽度					
厚度					

微组织 1：检查纠错，学生改正错误。微评价：★★★★★

子任务9-5-2 观察图9-6所示的键联结图，徒手抄画在右侧的框格内

图9-6 键联结图

微组织2：检查纠错，学生改正错误。微评价★★★★★

任务9-6 绘制一级直齿圆柱齿轮减速器中滚动轴承的装配示意图

子任务9-6-1 找到一级直齿圆柱齿轮减速器中的轴承，你知道它的具体名称、类型和尺寸规格吗？将查找结果填写在下表中。

轴承名称	数量	标记	内孔直径 /mm	滚动体类型	作用

微组织1：检查纠错，学生改正错误。微评价：★★★★★

子任务9-6-2 在下面的方格中解释下面滚动轴承标记的含义，按规定画法在右侧绘制其装配示意图。

（1）滚动轴承 6310 GB/T 276—2013

						装配示意图

（2）滚动轴承 30310 GB/T 297—2015

									装配示意图			

（3）滚动轴承　51305　GB/T 301—2015

									装配示意图			

微组织2：检查纠错，学生改正错误。微评价：★★★★★

▷ 归纳总结

（1）识别一级直齿圆柱齿轮减速器中的标准件。
（2）通过测量螺栓组件的各组成零件，掌握它们的标记；识读螺栓组件的联接图。
（3）通过测量螺钉，掌握它们的标记；识读螺钉的联接图。
（4）通过测量销，掌握它们的标记；识读销的联接图。
（5）通过识别轴承的标记，掌握轴承的类型；识读轴承的装配示意图。

▷ 结果

📖 1. 自我评价

☐ 能识别一级直齿圆柱齿轮减速器中的标准件。
☐ 通过实际测量一级直齿圆柱齿轮减速器中螺栓组件的各组成零件，掌握了它们的标记。
☐ 能够熟练识读螺栓组件的联接图。
☐ 通过测量螺钉，掌握了它们的标记。
☐ 能够熟练识读螺钉的联接图。
☐ 通过测量销，掌握它们的标记。
☐ 识读销的联接图。
☐ 通过识别轴承的标记，掌握轴承的类型。
☐ 识读轴承的装配示意图。
☐ 工作页已完成并提交。
☐ 工作页未完成，未完成的原因：_____。

📖 2. 教师评价

（1）工作页

☐ 已完成并提交。

☐ 未完成，未完成的原因：＿＿＿＿＿＿＿＿＿＿＿＿＿＿＿ 。

（2）5S 评价

☐ 工具、学习资料摆放整齐。

☐ 环境整齐、干净。

📖 3. 学生总结

你学会了哪些知识？你掌握了哪些技能？你养成了哪些好习惯？用规范的文字填写在下面的方格内。

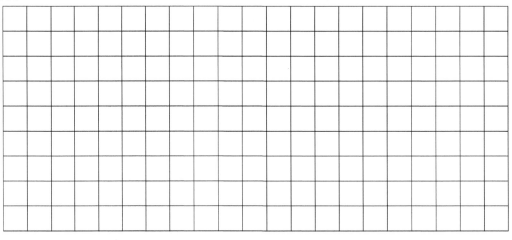

项目 ⑩

测绘一级直齿圆柱齿轮减速器的上、下箱体

⟩ 任务单

任务载体	一级直齿圆柱齿轮减速器中的上、下箱体零件 **上箱体零件**　　　　　　　　**下箱体零件**
学习目标	1. 知识、技能 （1）分析一级直齿圆柱齿轮减速器上、下箱体零件的结构特点，明确零件上各个结构的具体名称 （2）学会判断一级直齿圆柱齿轮减速器上、下箱体零件的主要结构和位置的尺寸精度要求 （3）学会判断一级直齿圆柱齿轮减速器上、下箱体零件的主要结构的几何公差要求 （4）学会判断一级直齿圆柱齿轮减速器上、下箱体零件的主要结构的表面粗糙度要求 （5）能够徒手绘制一级直齿圆柱齿轮减速器上、下箱体的零件草图，并进行尺寸、几何公差和表面粗糙度的标注 2. 提高职业核心能力 （1）提高学生查阅学习资料的能力 （2）提高学生的文字和语言表达能力 （3）提高学生的文字和数字规范书写能力 3. 培养良好的职业素养 通过保持良好绘图坐立姿态，正确摆放书本纸张、铅笔，桌面保持整洁，座椅周围无垃圾杂物，离开教室时物归原处等做法，逐渐培养良好的职业素养
计划学时	16～20 学时
学习要求	绘制的一级直齿圆柱齿轮减速器上、下箱体零件草图要比例合适，表达方案选择恰当，尺寸标注齐全，几何公差和表面粗糙度标注合理

工作页	地点		学生		完成/未完成
	教师		时间		优/良/中/及格

在进入学习之前，请大家按照书写要求，规范填写下面表格中的数字。

书写要求：

1. 务必用铅笔书写，保证工作页整洁、清晰
2. 字迹工整，按框格书写，不要超出答题区域

在每个数字右侧空格内按国家标准规定规范地抄写表中的数字。

1		2		3	
4		5		6	
7		8		9	
0		M40			

导入

仔细对照一级直齿圆柱齿轮减速器实物，观察其上、下箱体（图10-1和图10-2），结合它们的作用，你认为在测绘这两个零件时，哪个结构是最重要的部分，需要认真测量？用规范的文字填写在下面的方格中，并在框中填写指引线指出的上、下箱体上的部分名称。

10. 课前导读——工程图样

图10-1　上箱体

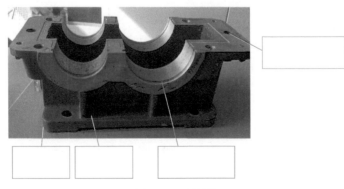

图10-2　下箱体

答	:																			

▷ 布置任务

任务 10-1　测量一级直齿圆柱齿轮减速器上、下箱体上的孔心距

子任务 10-1-1　请同学们测量轴承孔的直径，将结果填写在下表中。

小	轴	承	孔	的	直	径	D_1	=								
大	轴	承	孔	的	直	径	D_2	=								

微组织 1：检查纠错，学生改正错误。微评价：★★★★★

子任务 10-1-2　请同学们结合图 10-3 所示的一级直齿圆柱齿轮减速器上箱体的实体图，根据学过的知识，测量轴承孔的中心距 a。请问你能直接测量得到吗？把你测量的办法写到下面的方格内。

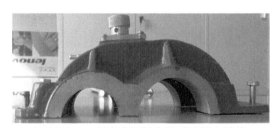

图 10-3　一级直齿圆柱齿轮减速器上箱体

微组织 2：检查错，学生改正错误。微评价：★★★★★

子任务 10-1-3　下箱体的轴承孔距的测量方法与上箱体轴承孔距的测量方法是否一致？仔细想一想，是否还需要测量？用规范的文字写在下面的方格内。

微组织 3：检查纠错，学生改正错误。微评价：★★★★★

子任务 10-1-4 一级直齿圆柱齿轮减速器上、下箱体上的螺栓联接孔一共有几组？它们中心距的测量方法与轴承孔中心距的测量方法是否一致？用规范的文字填写在下面的方格内。

微组织 4：检查纠错，学生改正错误。微评价：★★★★★

结论：当测量零件上孔的中心距时，一般采用的方法是间接测量两个孔的直径和两个孔在同一直线上两个外侧象限点或内侧象限点的距离，通过减去两个孔的半径或加上两个孔的半径计算得到，如图 10-4 和图 10-5 所示。

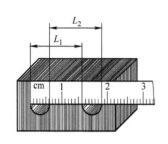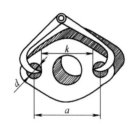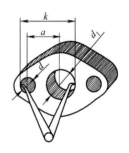

图 10-4 用直尺测量中心距   图 10-5 用外、内卡钳间接测量中心距

任务 10-2 一级直齿圆柱齿轮减速器上箱体视图的选择

子任务 10-2-1 识读教师提供的一级直齿圆柱齿轮减速器上箱体的零件图样，说一说选择了哪些表达方案，说明这样选择表达方案的意义，并将其填写在下面的方格内。

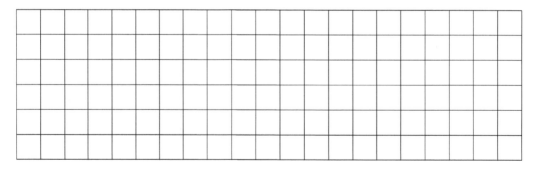

微组织 1：检查纠错，学生改正错误。微评价：★★★★★

子任务 10-2-2 在识读一级直齿圆柱齿轮减速器上箱体零件图的过程中，你遇到了哪些问题？请把问题列出，依次写在下面的方格内。

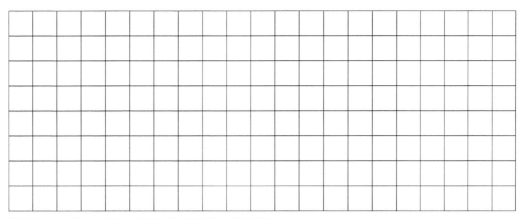

微组织 2：检查纠错，学生改正错误。微评价：★★★★★

子任务 **10-2-3**　请把零件图中的所有尺寸按类型书写在下面的方格中。

定	形	尺	寸	:											
定	位	尺	寸	:											
其	他	尺	寸	:											

微组织 3：检查纠错，学生改正错误。微评价：★★★★★

子任务 **10-2-4**　请把零件图中的技术要求抄写在下面的方格中。

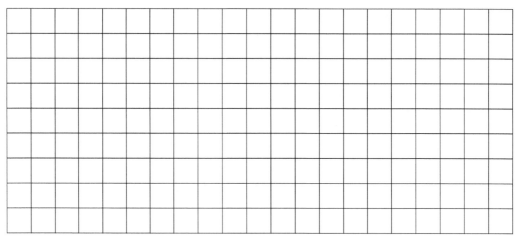

微组织 4：检查纠错，学生改正错误。微评价：★★★★★★

子任务 10-2-5　请把零件图中的表面粗糙度值抄写在下面的方格中。

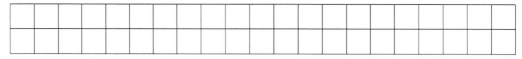

微组织 5：检查纠错，学生改正错误。微评价：★★★★★★

子任务 10-2-6　请把零件图中的几何公差项目符号、几何公差值、基准字母抄写在下面的方格中。

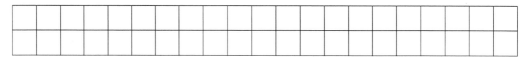

微组织 6：检查纠错，学生改正错误。微评价：★★★★★★

子任务 10-2-7　选择 A3 幅面，比例自定，徒手绘制一级直齿圆柱齿轮减速器上箱体零件图，标注尺寸及技术要求。

微组织 7：检查纠错，学生改正错误。微评价：★★★★★

子任务 10-2-8　选择 A3 幅面，比例自定，徒手绘制一级直齿圆柱齿轮减速器下箱体零件图，标注尺寸及技术要求。

微组织 8：检查纠错，学生改正错误。微评价：★★★★★

◇ 归纳总结

（1）通过绘制一级直齿圆柱齿轮减速器上箱体和下箱体零件图，学会孔中心距的测量方法。

（2）通过绘制一级直齿圆柱齿轮减速器上、下箱体的零件图，学会局部视图、斜视图两种常用的视图表达方法。

（3）通过徒手绘制一级直齿圆柱齿轮减速器上、下箱体的零件图，巩固各类尺寸的标注方法。

（4）通过徒手绘制一级直齿圆柱齿轮减速器上、下箱体的零件图，巩固技术要求的内容和常见的表达方法。

结果

📖 1. 自我评价

☐ 通过绘制一级直齿圆柱齿轮减速器上箱体和下箱体零件图，学会了孔中心距的测量方法。

☐ 通过徒手绘制一级直齿圆柱齿轮减速器上、下箱体的零件图，学会了局部视图、斜视图两种常用的视图表达方法。

☐ 通过徒手绘制一级直齿圆柱齿轮减速器上、下箱体的零件图，巩固了各类尺寸的标注方法。

☐ 通过徒手绘制一级直齿圆柱齿轮减速器上、下箱体的零件图，巩固了技术要求的内容和常见的表达方法。

☐ 工作页已完成并提交。

☐ 工作页未完成，未完成的原因：＿＿＿＿＿＿＿＿＿＿＿＿＿。

📖 2. 教师评价

（1）工作页

☐ 已完成并提交。

☐ 未完成，未完成的原因：＿＿＿＿＿＿＿＿＿＿＿＿＿ 。

（2）徒手绘制一级直齿圆柱齿轮减速器上、下箱体的零件图

☐ 已完成并提交。

☐ 未完成，未完成的原因：＿＿＿＿＿＿＿＿＿＿＿＿＿ 。

（3）5S 评价

☐ 工具、学习资料摆放整齐。

☐ 环境整齐、干净。

📖 3. 学生总结

你学会了哪些知识？你掌握了哪些技能？你养成了哪些好习惯？用规范的文字填写在下面的方格内。

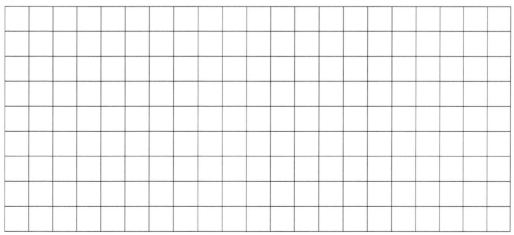

第 2 部分　作业题、测试、综合练习

一、机械识图基础知识作业

作业 1	地点		学生		完成/未完成
	教师		时间		优/良/中/及格

1. 填写下面表格。

$\phi15$	表	示	:												
$\phi40$	表	示	:												
$R15$	表	示	:												
$R35$	表	示	:												
通孔 $4 \times \phi10$			表	示	:										
□50 ± 0.1			表	示	:										
//	表	示	:												
⊥	表	示	:												
M16	表	示	:												
虚	线	用	于	表	达	(			)	的	轮	廓	线	。	
$SR15$	表	示	:												
$t5$	表	示	:												
∠	表	示	:												
⌒	表	示	:												

2. 解释下面符号的含义。

（1）$R60$ 表示：_____。

（2）$\phi10$ 表示：_____。

（3）□40 表示：_____。

（4）M20 表示：_____。

（5）$t10$ 表示：_____。

（6）| // | 0.015 | A | 表示：_____。其中//表

示：_____ ，0.015 表示：_____ ，A 表示：_____ 。

（7） $\boxed{A}$ 表示：_____ 。

（8） $20_{-0.021}^{0}$ 表示：_____ 。最大值是_____，最小值是_____ 。

3. 仔细读题并完成下面各问题。

（1） 直径是 40mm 的圆，用符号表示为：_____。

（2） 半径是 20mm 的圆，用符号表示为：_____。

（3） 边长是 35mm 的正方形，用符号表示为：_____。

（4） 一个直径为 20mm、牙型角为 60°的普通螺纹，请写出对应的符号：_____。

（5） 一个正方形，它的边长最大不能超过 30.01mm，最小不能小于 29.9mm，请写出它的表达符号：_____。

（6） 4 个相同的直径为 20mm 的圆，写出对应的表达方式：_____。

（7） 半径为 40mm 的圆弧，请写出对应的表达符号：_____。

（8） 直径为 30mm 的圆，请写出对应的表达符号：_____。

（9） 一个物体的表面粗糙度值是 $Ra1.6\mu m$，请画出与它对应的符号。

（10） 一个物体表面的平面度误差不能超过 0.05mm，请画出几何公差的框格。

4. 画图题。

（1） 将右图中的所有尺寸填写在下面的方格中。

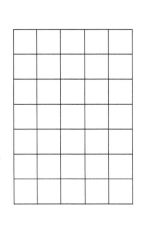

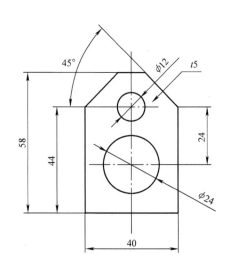

（2）按尺寸在下面空白处抄画上图所示图形。

5. 根据下面的画图步骤画出图形。

（1）步骤 1：绘制两条互相垂直的点画线，水平方向的点画线长度是 66mm，垂直方向的点画线长度是 45mm。

（2）步骤 2：以点画线的交点为圆心、15mm 为半径再画一个粗实线圆。

（3）步骤 3：用直尺画出长 60mm、宽 40mm 的粗实线长方形。

作业 2	地点		学生		完成/未完成
	教师		时间		优/良/中/及格

1. 什么是几何公差？请填写在下面的方格中。

答	:																	

2. 根据几何公差的名称在下表中填写对应的符号。

几何特征	符号	几何特征	符号	几何特征	符号
直线度		面轮廓度		同轴度	
平面度		倾斜度		对称度	
圆度		平行度		圆跳动	
圆柱度		垂直度		全跳动	
线轮廓度		位置度			

3. 仔细识读下面的图样，用指引线引出并用汉字注明标题栏、垂直度、平行度、对称度几何公差框格以及基准代号。

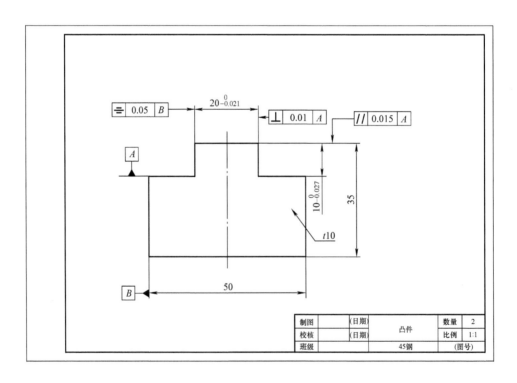

4. 请在下面的框内计算上面图形理想状态下的面积。

面积 $S =$

5. 把上图中带有公差要求的尺寸找出来，写在下面的方格内，并计算上极限尺寸和下极限尺寸。

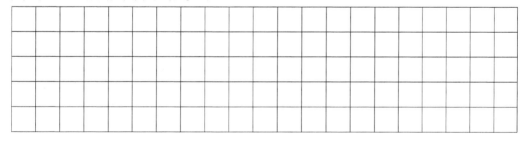

	上	极	限	尺	寸	:														
	下	极	限	尺	寸	:														
	上	极	限	尺	寸	:														
	下	极	限	尺	寸	:														

6. 图样中的"$t10$"表达了什么？用文字填写在下面的方格中。

答	:																			

7. 写出上图的绘图步骤；按所给尺寸，在下面空白处抄画该图形，不标注尺寸。

（1）在下面的方格中填写绘图步骤。

（2）在方框中抄画图形，使图形居中。

作业 3	地点		学生		完成/未完成
	教师		时间		优/良/中/及格

1. 请仔细识读下面的图样，有几个视图？写出它们的名称。请用文字描述这个零件的空间结构形状并填写在下面的方格中。

视	图	数	量	：											
视	图	名	称	：											
描	述	空	间	结	构	形	状	：							

2. 下面的图样中有几种线型？其中虚线表达的是哪个部分的结构？请用文字说明并填写在下面的方格内。

线	型	种	类	：											
虚	线	表	达	的	结	构	：								

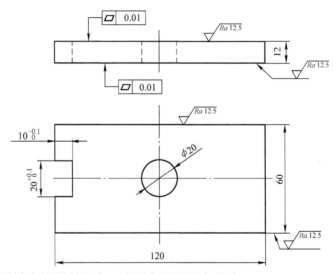

3. 请找出上面图样中的所有尺寸，填写在下面的方格内。

4. 请找出上面图样中的几何公差，画在下面的框格内。

要求：几何公差框格的总高为 7mm，每个小格是正方形，字体高度是 3.5mm。

5. 请找出上面图样中的表面粗糙度符号，画在下面的框格内。

要求：表面粗糙度符号的总高为 11mm，正三角形的高度是 5mm，折线长度是 10mm，字体高度是 3.5mm。

6. 请计算上面图样中带有公差要求的尺寸的最大值和最小值，填写在下面的方格内。

	最	大	值	:										
	最	小	值	:										
	最	大	值	:										
	最	小	值	:										

7. 请在下面空白处，按尺寸抄画上面的图样。

作业4	地点		学生		完成/未完成
	教师		时间		优/良/中/及格

1. 请仔细识读下面的图样，有几个视图？写出视图的名称。请在下面的方格内用文字描述这个零件的空间结构形状。

视	图	数	量	:										
视	图	名	称	:										
描	述	空	间	结	构	形	状	:						

2. 下面的图样中有几种线型？其中虚线表达的是哪个部分的结构？请用文字说明并填写在下面的方格内。

线	型	种	类	:										
虚	线	表	达	的	结	构	:							

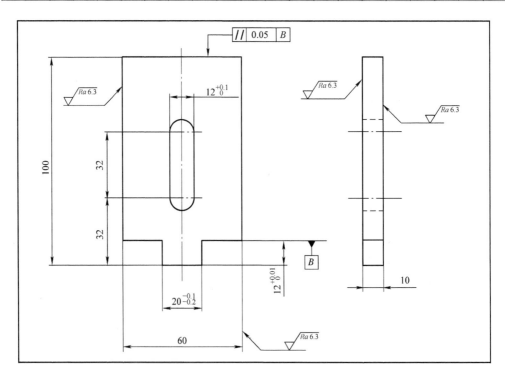

3. 请找出上面图样中的所有尺寸，写在下面的方格内。

4. 请找出上面图样中的几何公差和基准符号，画在下面的框格内。

　　要求：几何公差框格的总高为 7mm，每个小格是正方形，字体高度是 3.5mm。

　　　　　基准符号总高为 14mm，方格边长为 7mm，字体高度是 3.5mm。

5. 请找出上面图样中的表面粗糙度符号，画在下面的框格内。

　　要求：表面粗糙度符号的总高为 11mm，正三角形的高度是 5mm，折线长度是 10mm，字体高度是 3.5mm。

6. 请计算上面图样中带有公差要求的尺寸的最大值和最小值，填写在下面的方格内。

	最	大	值	:														
	最	小	值	:														
	最	大	值	:														
	最	小	值	:														

7. 请在下面空白处，按尺寸抄画上面的图样。

作业 5	地点		学生		完成/未完成
	教师		时间		优/良/中/及格

1. 请仔细识读下面的图样，在下面的方格内写出所有带有公差要求的尺寸，并计算出上极限尺寸和下极限尺寸。

<table>
<tr><td></td><td></td><td></td><td></td><td></td><td></td><td></td><td></td><td></td><td></td><td></td><td></td><td></td><td></td><td></td></tr>
<tr><td></td><td></td><td></td><td></td><td></td><td></td><td></td><td></td><td></td><td></td><td></td><td></td><td></td><td></td><td></td></tr>
<tr><td></td><td></td><td></td><td></td><td></td><td></td><td></td><td></td><td></td><td></td><td></td><td></td><td></td><td></td><td></td></tr>
<tr><td></td><td></td><td></td><td></td><td></td><td></td><td></td><td></td><td></td><td></td><td></td><td></td><td></td><td></td><td></td></tr>
<tr><td></td><td></td><td></td><td></td><td></td><td></td><td></td><td></td><td></td><td></td><td></td><td></td><td></td><td></td><td></td></tr>
<tr><td></td><td></td><td></td><td></td><td></td><td></td><td></td><td></td><td></td><td></td><td></td><td></td><td></td><td></td><td></td></tr>
<tr><td></td><td></td><td></td><td></td><td></td><td></td><td></td><td></td><td></td><td></td><td></td><td></td><td></td><td></td><td></td></tr>
</table>

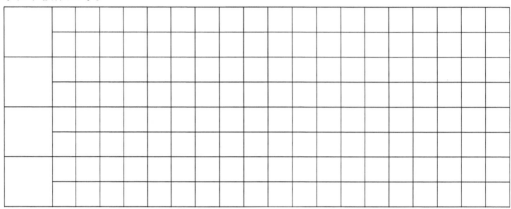

2. 上面的图样中有几种线型？写在下面的方格内。其中确定位置用的是哪种线型？

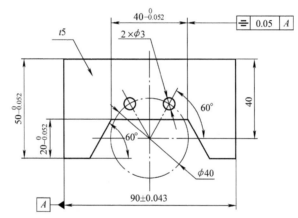

线	型	种	类	:										
确	定	位	置	的	线	型	是	:						

3. 上面图样中角度尺寸 60° 的作用是什么？写在下面的方格内。

4. 请找出上面图样中的几何公差和基准代号，分别画在下面的框格内。

要求：几何公差框格的总高为 7mm，每个小格是正方形，字体高度是 3.5mm。

基准符号总高为 14mm，方格边长为 7mm，字体高度是 3.5mm。

5. 请在下面空白处，按尺寸抄画上面的图样。

6. 结合立体图，细观察下面的平面图形，说一说是主视图还是俯视图。请计算除去方槽和圆孔后剩余部分的面积。

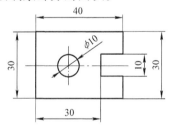

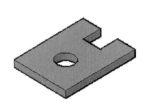

面积 S =

二、零部件测绘基础作业

作业 1	地点		学生		完成/未完成
	教师		时间		优/良/中/及格

1. 什么是徒手绘制图形？在机械行业中什么情况下需徒手绘制图形？请将答案填写在下面的方格内。

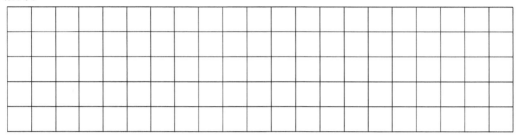

2. 在空白处徒手绘制下面描述的图形并标注尺寸。

（1）R20mm 的半个圆弧。 　　　　　　（2）ϕ10mm 的小圆。

（3）长 35mm、宽 20mm 的矩形。 　　　（4）□40mm 表示的图形。

作业 2	地点		学生		完成/未完成
	教师		时间		优/良/中/及格

1. 什么是徒手绘制图形？在机械行业中什么情况下需徒手绘制图形？请将答案填写在下面的方格内。

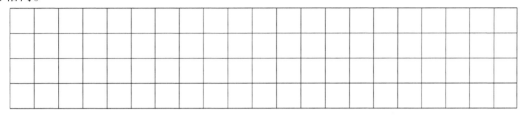

2. 在空白处徒手抄绘下面的图形。

（1）徒手抄绘下面的平面图形。

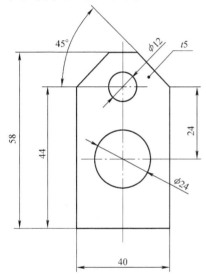

（2）仔细观察下面的实体图，徒手绘制俯视图（B 向）。

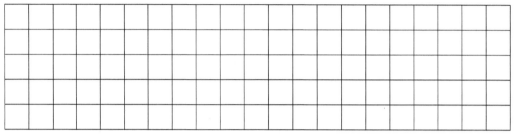

作业 3	地点		学生		完成/未完成
	教师		时间		优/良/中/及格

1. 什么是徒手绘制图形？在机械行业中什么情况下需徒手绘制图形？请将答案填写在下面的方格内。

2. 在空白处徒手绘制下面描述的图形并标注尺寸。

（1）徒手绘制长半轴长度是 20mm、短轴长度是 20mm 的椭圆。

（2）请绘制一个直角三角形。这个直角三角形的斜边与水平方向所成的角设为 β，$\tan\beta = 1/5$，且这个直角三角形的水平方向的直角边长度是 35mm。

（3）绘制一个梯形台的主视图和俯视图。该梯形台的高度是 20mm，上底面是□ 10mm，下底面是□ 15mm，梯形台正立放置，且中心处有一个直径为 ϕ5mm 的通孔。

作业 4	地点		学生		完成/未完成
	教师		时间		优/良/中/及格

1. 什么是徒手绘制图形？在机械行业中什么情况下需徒手绘制图形？请将答案填写在下面的方格内。

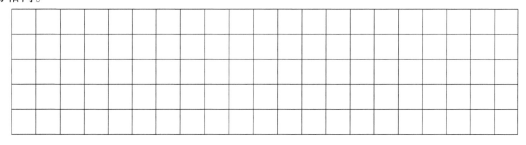

2. 根据下面的图样，目测尺寸，在空白处徒手抄绘图样，要求保证各要素之间协调。

（1）徒手抄绘下面的图样。

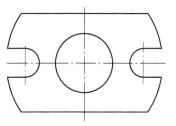

（2）徒手抄绘下面的图样。

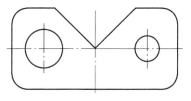

（3）徒手抄绘下面的图样。

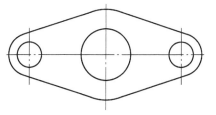

作业 5	地点		学生		完成/未完成
	教师		时间		优/良/中/及格

1. 什么是徒手绘制图形？在机械行业中什么情况下需徒手绘制图形？请将答案填写在下面的方格内。

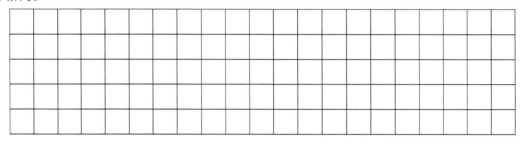

2. 根据下面的立体图，目测尺寸，在空白处徒手绘制其三视图，要求保证各要素之间协调。

（1）左右对称，圆孔为通孔。

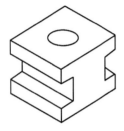

（2）左右对称。

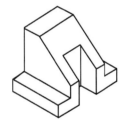

（3）如下面图样所示。

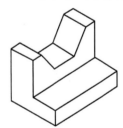

作业 6	地点		学生		完成/未完成
	教师		时间		优/良/中/及格

1. 问答题

（1）为什么要对零件进行测绘？请将答案填写在下面的方格内。

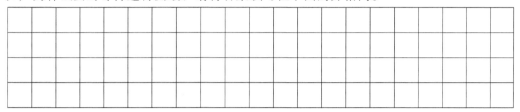

（2）零件测绘的第一手资料是什么？请将答案填写在下面的方格内。

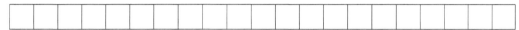

2. 下面图样是一段小轴的主视图，轴上有倒角、凹坑和键槽。

（1）请分别用细实线作为指引线，标注出倒角、凹坑和键槽分别在哪个位置并写出名称。

（2）下面给出了 4 个断面图，请在你认为正确的断面图旁边的括号内打"√"。

（3）按照目测尺寸，在右侧空白处抄绘主视图；将正确的断面图绘制在剖切符号延长线上，并进行标注。

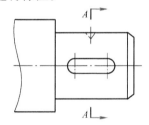

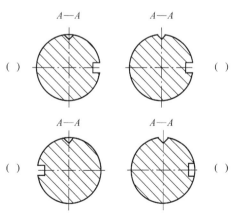

作业 7	地点		学生		完成/未完成
	教师		时间		优/良/中/及格

1. 问答题

（1）什么是零件草图？将答案填写在下面的方格内。

（2）零件草图应该具备哪些内容？将答案填写在下面的方格内。

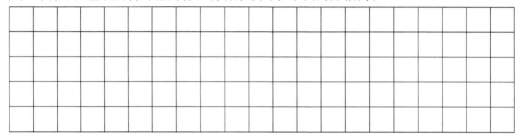

2. 下面图样是一段小轴的主视图。

（1）请根据主视图判断下面 4 个断面图，请在你认为正确的断面图旁边的括号内打"√"。

（2）按照目测尺寸，在右侧空白处抄绘主视图；将正确的断面图绘制在剖切符号延长线上，并标注剖切位置及对应的字母。

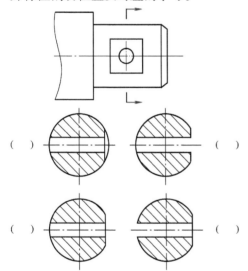

作业 8	地点		学生		完成/未完成
	教师		时间		优/良/中/及格

1. 画零件草图的步骤有哪些？请填写在下面的方格内。

2. 下面图样是一段小轴的主视图。

（1）根据主视图判断下面 4 个断面图，请在你认为正确的断面图旁边的括号内打 "√"。

（2）按照目测尺寸，在右侧空白处抄绘主视图；将正确的断面图绘制在剖切符号延长线上，并标注剖切位置及对应的字母。

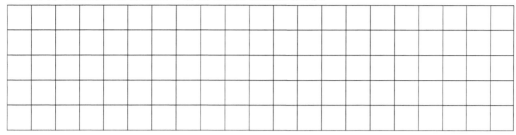

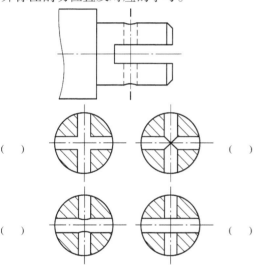

作业 9	地点		学生		完成/未完成
	教师		时间		优/良/中/及格

1. 仔细观察下面的传动轴图样并回答问题。

（1）指出图样中的键槽、销孔、退刀槽、倒角和螺纹结构。

（2）主视图中剖面线的区域采用了什么表达方法？有什么目的？将答案填写在下面的方格内。

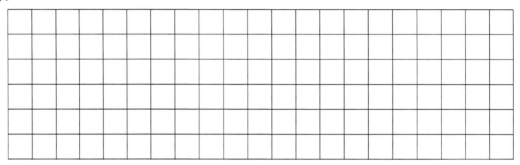

（3）请用直尺测量轴上各个要素的尺寸（遇到小数时取整），注意不要缺漏，将测得的所有尺寸分类书写在下面的方格内。

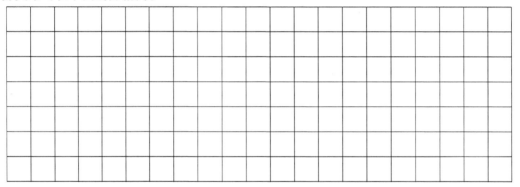

2. 徒手抄绘传动轴零件图。

（1）根据测得的尺寸选择合适的图纸幅面。

（2）要求按照国家标准绘制图框、标题栏并标注尺寸，做到尺寸标注不缺漏、不重复。

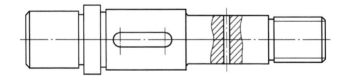

作业 10	地点		学生		完成/未完成
	教师		时间		优/良/中/及格

1. 仔细观察下面齿轮实体图，并在下面的方格内回答问题。

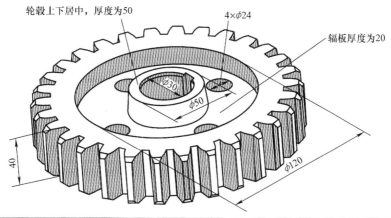

轮毂上下居中，厚度为50　4×φ24　辐板厚度为20

φ30　φ50　40　φ120

1.	类	型	：				6.	轴	孔	内	径	：			
2.	齿	轮	齿	数	：		7.	齿	圈	直	径	：			
3.	轮	齿	的	宽	度	：	8.	辐	板	厚	度	：			
4.	轮	毂	厚	度	：		9.	减	重	孔	数	量	：		
5.	轮	毂	直	径	：		10.	减	重	孔	尺	寸	：		

2. 只有上面的关于齿轮的信息和数据，你能画出它的零件图吗？绘制这个齿轮的零件图还需要哪些要素的尺寸及相关数据？请将答案填写在下面的方格中。

作业 11	地点		学生		完成/未完成
	教师		时间		优/良/中/及格

1. 在下图中标注齿轮各个部分的名称。

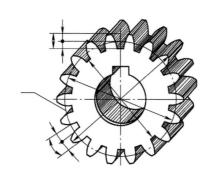

2. 在下面的方格中写出直齿圆柱齿轮各要素、齿轮参数的名称及对应代号。

3. 在下面的方格中写出齿顶圆、齿根圆、分度圆、模数以及齿数之间的尺寸计算关系。

4. 已知一直齿圆柱齿轮的模数 $m = 3\,\mathrm{mm}$，齿数 $z = 25$。请在下面的框格内计算齿顶圆直径、分度圆直径、齿根圆直径。

作业 12	地点		学生		完成/未完成
	教师		时间		优/良/中/及格

1. 齿轮轮齿的形状是由什么样的曲线（或曲面）围成的？请将答案填写在下面的方格内。

2. 绘制齿轮的零件图时，需要把所有的轮齿都绘制出来吗？为什么？请将答案填写在下面的方格内。

3. 如何绘制齿轮的零件图？请将答案填写在下面的方格内。

主	视	图	:								
左	视	图	:								

4. 已知一直齿圆柱齿轮的模数 $m = 3\text{mm}$，齿数 $z = 15$，齿宽 $B = 15\text{mm}$，齿轮轴孔直径为 $\phi10\text{mm}$。请在下面的空白处徒手绘制它的主视图和左视图。

作业 13	地点		学生		完成/未完成
	教师		时间		优/良/中/及格

1. 在下面的方格内写出测绘一级直齿圆柱齿轮减速器从动齿轮的步骤。

1.																	
2.																	
3.																	
4.																	
5.																	
6.																	

2. 如下图所示，在方框内填写名称。当齿轮和轴通过键联结时，键的尺寸如何确定？请将答案填写在下面的方格内。

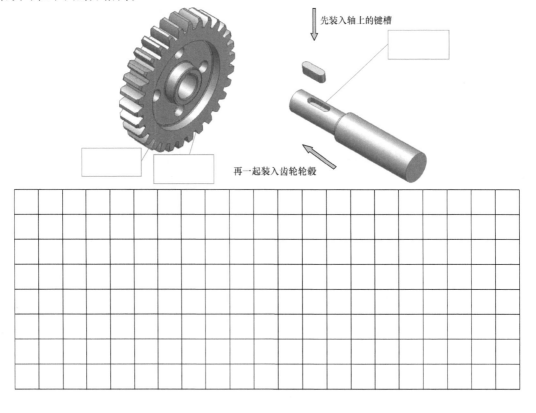

先装入轴上的键槽

再一起装入齿轮轮毂

作业 14	地点		学生		完成/未完成
	教师		时间		优/良/中/及格

1. 如下图所示，分析轴承端盖零件图，说一说该零件属于哪类零件？采用了哪些表达方法？工整地书写在下面的方格内。

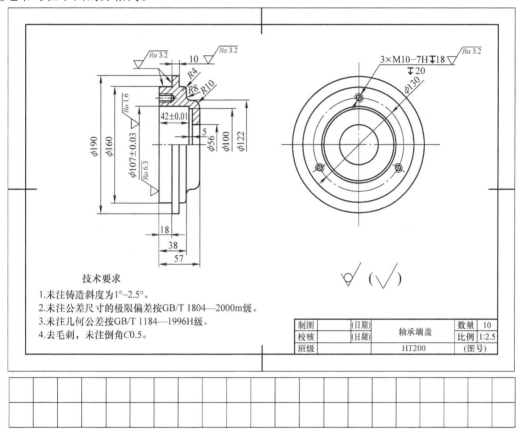

2. 识读零件图，选择正确答案。

（1）根据零件的成形特点，该轴承箱盖属于（　　　）零件。

A. 盘类　　　　　B. 轴类　　　　　C. 回转体　　　　　D. 箱体

（2）该零件主视图采用的表达方法是（　　　）。

A. 全剖视图　　　B. 局部剖视图　　C. 半剖视图　　　　D. 剖面图

（3）该零件的材料采用的是（　　　）。

A. 合金材料　　　B. 灰口铸铁　　　C. 非金属材料　　　D. 普通号钢

（4）该零件上有 3 个直径是 10mm 的（　　　）。

A. 螺纹孔　　　　B. 通孔　　　　　C. 沉孔　　　　　　D. 锥孔

（5）该零件中，除了螺纹孔外，表示结构要素直径的尺寸有（　　　）个，有（　　　）个采用半标注。

A. 5，3　　　　　B. 6，3　　　　　C. 7，4　　　　　　D. 8，3

（6）该零件中，ϕ107mm ±0.03mm 表示直径的尺寸范围，其公差值是（　　　）。

A. 0.03　　　　　B. −0.03　　　　C. 0.06　　　　　　D. −0.06

（7）表面粗糙度是零件表面质量的一个指标，下面哪个值表达的零件表面质量最高（　　　）？

A. *Ra*6. 3　　　B. *Ra*3. 2　　　C. *Ra*1. 6　　　D. ◇

（8）根据技术要求的文字描述，此轴承端盖是（　　）。

A. 铸造件　　　B. 锻造件　　　C. 冷加工件　　　D. 冲压件

（9）轴承端盖零件图采用的比例是（　　）。

A. 缩小比例　　　B. 放大比例　　　C. 原值比例　　　D. 无法确定

（10）3 个 M10 螺纹孔的深度是（　　）mm。

A. 20　　　　　B. 18　　　　　C. 18 或 20　　　　D. 20 或 18

3. 总结抄画轴承端盖零件图的步骤。

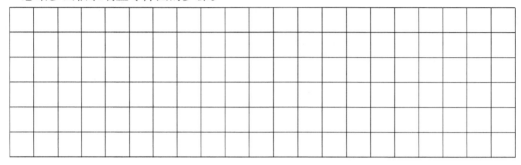

4. 抄画轴承盖零件图。

选择 A4 幅面，按照 1∶2. 5 比例，抄画零件图样，要求图样清晰，尺寸标注清晰，不缺漏。

作业 15	地点		学生		完成/未完成
	教师		时间		优/良/中/及格

1. 如下图所示，根据标题栏中的内容，可以知道该车轮的哪些信息？请将答案工整地书写在下面的方格内。

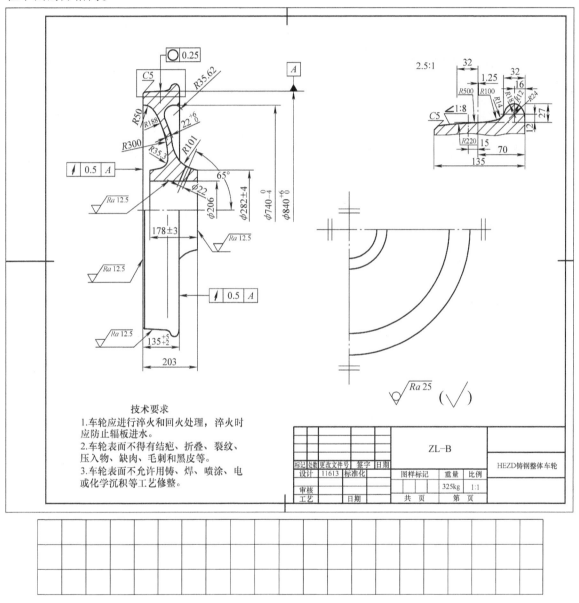

技术要求
1. 车轮应进行淬火和回火处理，淬火时应防止辐板进水。
2. 车轮表面不得有结疤、折叠、裂纹、压入物、缺肉、毛刺和黑皮等。
3. 车轮表面不允许用铸、焊、喷涂、电或化学沉积等工艺修整。

标记	处数	更改文件号	签字	日期		ZL–B		
设计		11613	标准化		图样标记	重量	比例	HEZD铸钢整体车轮
审核						325kg	1:1	
工艺			日期		共 页	第 页		

2. 仔细分析零件图，根据零件的结构特点，判断零件属于哪类零件？请将答案工整地书写在下面的方格内。

<table>
<tr><td></td><td></td><td></td><td></td><td></td><td></td><td></td><td></td><td></td><td></td><td></td><td></td><td></td><td></td><td></td><td></td></tr>
<tr><td></td><td></td><td></td><td></td><td></td><td></td><td></td><td></td><td></td><td></td><td></td><td></td><td></td><td></td><td></td><td></td></tr>
<tr><td></td><td></td><td></td><td></td><td></td><td></td><td></td><td></td><td></td><td></td><td></td><td></td><td></td><td></td><td></td><td></td></tr>
</table>

3. 将图样中的所有用半标注尺寸抄写在下面的方格内。同时，请分别计算出图可中所有带有尺寸公差的尺寸的上极限偏差和下极限偏差。

4. 该零件图样采用了哪些表达方法？请将答案工整地写书在下面的方格内。

5. 解释零件图中轮缘踏板局部放大图附近 2.5:1 的含义。

6. 在方格中抄写图样中文字描述的技术要求。

7. 找出车轮零件图中的几何公差，说明是形状公差还是位置公差。在下面的空白处绘制几何公差框格和基准符号。

8. 找出车轮零件图中的表示零件不同部位的表面粗糙度，在下面方格中写出表面粗糙度的值，在空白处绘制表面粗糙度的符号。

9. 查找资料，车轮的种类有哪些？在下面的方格内写出 3 ~ 5 种。

10. 分析 HEDZ 铸钢整体车轮轮缘及踏面局部放大图，说一说该车轮的轮缘踏面由几段圆弧构成？在下面的方格内分别写出圆弧的定形尺寸和定位尺寸。

三、测试题

测试 1

姓名：_____ 班级：_____ 时间：_____ 指导教师：_____ 成绩：_____

1. 填写下表。

ϕ15	表	示	:															
ϕ40	表	示	:															
R15	表	示	:															
R35	表	示	:															
通孔 6 × ϕ5				表	示	:												
□ 50 ± 0.1		表	示	:														
//		表	示	:														
⊥		表	示	:														

2. 根据文字描述填写符号。

（1）直径是 40mm 的圆，用符号表示为：_____。

（2）半径是 20mm 的圆，用符号表示为：_____。

（3）边长是 35mm 的正方形，用符号表示为：_____。

3. 计算题。

（1）□ 75mm ± 0.05mm 表示正方形的边长最大可以加工到_____，最小可以加工到_____。

（2）如果这个正方形的边长一边是 75.049mm，另一边长是 74.993mm，这个正方形合格吗？为什么？将答案填写在下面的方格内。

答	:																	
分	析	原	因	:														

4. 画图题。

（1）在下面空白处画出边长是 35mm 的正方形。

（2）在下面空白处用直尺和圆规画出 $\phi20$mm 和 $\phi30$mm 两个同心圆。

（3）根据下面的画图步骤在空白处画出图形。

① 步骤 1：绘制两条互相垂直的点画线，水平方向点画线长度是 66mm，垂直方向点画线长度是 45mm。

② 步骤 2：以点画线的交点为圆心、15mm 为半径再画一个粗实线圆。

③ 步骤 3：用直尺画出长 60mm、宽 40mm 的粗实线长方形，长方形的中心为圆的中心。

测试 2

姓名：_____ 班级：_____ 时间：_____ 指导教师：_____ 成绩：_____

1. 填写下面的表格。

M20	表	示	:												
虚	线	用	于	表	达	（			）	的	轮	廓	线	。	
SR25	表	示	:												
t5	表	示	:												
//	表	示	:				∠	表	示	:					
⊥	表	示	:				⌒	表	示	:					

2. 根据文字描述填写符号。

（1）直径是65mm的圆，用符号表示为：_____。

（2）半径是10mm的圆，用符号表示为：_____。

（3）边长是40mm的正方形，最大加工成40.1mm，最小加工成39.9mm，用符号表示为：
_____。

3. 计算题。

（1）□65mm±0.05mm 表示正方形的边长最大可以加工到_____，最小可以加工到____
___。

（2）如果这个正方形的边长一边是65.005mm，另一边是64.995mm，这个正方形合格吗？
为什么？将答案填写在下面的方格中。

答	:														
分	析	原	因	:											

4. 画图题。

按尺寸在下面的方框内抄画平面图形，不用标注尺寸。

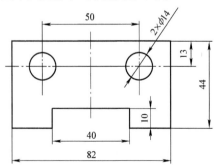

测试 **3**

姓名：_____ 班级：_____ 时间：_____ 指导教师：_____ 成绩：_____

1. 在下图的方框里填写各要素名称。

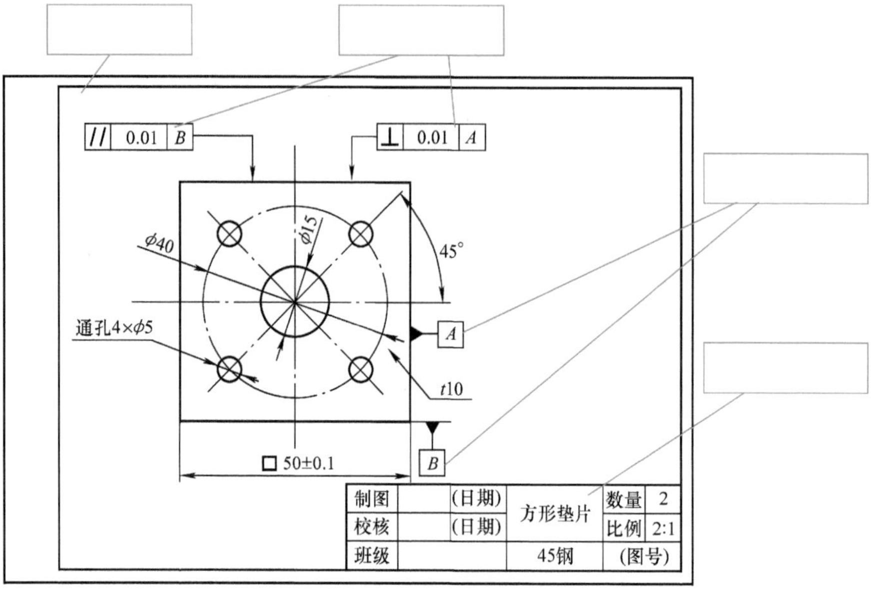

2. 解释下面符号的含义。

（1）*R*60 表示：_____。

（2）ϕ10 表示：_____。

（3）□40 表示：_____。

（4）M20 表示：_____。

（5）*t*10 表示：_____。

（6）| // | 0.015 | A | 表示：_____。

其中"*//*"表示_____，"0.015"表示_____，"*A*"表示_____。

（7）| A |▲ 表示：_____。

（8）"$20\,^{0}_{-0.021}$"表示：_____，最大值是__

_____，最小值是_____。

测试 4

姓名：_____ 班级：_____ 时间：_____ 指导教师：_____ 成绩：_____

1. 仔细观察右侧图形，把所有的尺寸填写在下面的方格内。

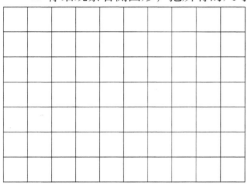

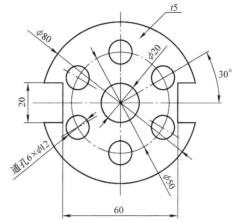

2. 在下面方框内，按照上图中的尺寸抄画平面图，不标注尺寸。

测试 5

姓名：_____ 班级：_____ 时间：_____ 指导教师：_____ 成绩：_____

1. 填写下面方格中图纸幅面尺寸规格、图框种类和绘制图框应该使用的图线。

A0		A1		A2		A3		A4	

图	框	种	类	：													
图	框	外	侧	是	：	（			）	线	型						
画	法	：															
图	框	内	侧	是	：	（			）	线	型						
画	法	：															

2. 仔细观察下面的标题栏，把标题栏中的项目名称填写在下面的方格中，字体和标点符号要规范。

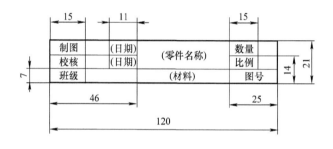

3. 找一找，下图中的几何公差项目有几个，用指引线引出并标上序号，分别说一说它们的含义及公差值，填写在下面的方格中。

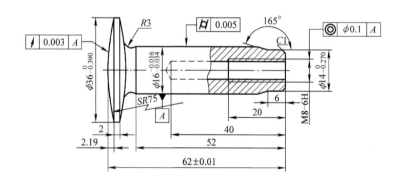

测试 6

姓名：_____ 班级：_____ 时间：_____ 指导教师：_____ 成绩：_____

1. 填写下表中几何公差项目符号。

几何特征	符号	几何特征	符号	几何特征	符号
直线度		面轮廓度		同轴度	
平面度		倾斜度		对称度	
圆度		平行度		圆跳动	
圆柱度		垂直度		全跳动	
线轮廓度		位置度			

2. 带装订边 A4 图纸的装订边一侧边距尺寸是多少？其他 3 个边距尺寸是多少？写在下面的方格内。

装	订	边	一	侧	边	距	尺	寸	：										
其	他	3	个	边	距	尺	寸	：											

3. 根据描述，画出或写出对应的符号。

（1）一个物体的表面粗糙度值是 $Ra3.2\mu m$，请在空白处画出与它对应的符号。

（2）一个物体表面的平面度误差不能超过 0.01mm，请在空白处画出几何公差的框格。

（3）一个直径为 20mm，牙型角是 60°的粗牙普通螺纹，请在空白处写出对应的符号。

（4）一个正方形，它的边长最大不能超过 30.01mm，最小不能小于 29.9mm，请在空白处写出它的表达符号。

（5）4 个相同的直径为 20mm 的圆，在空白处写出对应的表达方式。

（6）半径为 40mm 的圆弧，请在空白处写出对应的表达符号。

（7）直径为 30mm 的圆，请在空白处写出对应的表达符号。

测试 7

姓名：_____ 班级：_____ 时间：_____ 指导教师：_____ 成绩：_____

1. 在下面的方格中，按标准抄画左侧框内的汉字、字母及数字。

机械制图
jixiezhitu
JIXIEZHITU
123456789
$\phi 50 \pm 60\ 30°$

2. 根据文字描述填写符号。

（1）直径是 30mm 的圆，用符号表示为：_____。

（2）半径是 50mm 的圆，用符号表示为：_____。

（3）边长是 60mm 的正方形，最大加工成 60.1mm，最小加工成 59.9mm，用符号表示为：_____。

（4）牙型角为 60°、直径为 40mm 的普通螺纹，用符号表示为：_____。

3. 画图题。

在下面绘图步骤中的括号中填写相应内容。配合使用直尺、圆规，按照下面的绘图步骤在框内绘制直径为 40mm 的圆的内接正六边形。

步骤 1：先画互相垂直的点画线，交点为 O。

步骤 2：再以交点 O 为圆心、（   ）为半径，画点画线圆；圆与互相垂直的点画线相交于（   ）点，依次为 A、B、C、D；A、C 为最左和最右两点。

步骤 3：分别以 A 点和 C 点为圆心、以 20mm 为半径，轻轻地画弧，得到（   ）个交点，命名为 Ⅰ、Ⅱ、Ⅲ、Ⅳ，令左下角为 Ⅰ，按逆时针方向依次为 Ⅱ、Ⅲ、Ⅳ。

步骤 4：依次连接 A - Ⅰ - Ⅱ - C - Ⅲ - Ⅳ - A，得到正六边形。

四、综合练习

综合练习1

姓名：_____ 班级：_____ 时间：_____ 指导教师：_____ 成绩：_____

1. 填写下面表格。（每题 1 分，共 15 分）

1.	$\phi15$	表	示	:											
2.	$\phi40$	表	示	:											
3.	$R15$	表	示	:											
4.	$R35$	表	示	:											
5.	通孔 $6 \times \phi10$				表	示	:								
6.	$\square\,50 \pm 0.1$			表	示	:									
7.	$//$	表	示	:											
8.	$\perp$	表	示	:											
9.	M16	表	示	:											
10.	虚	线	用	于	表	达	:								
11.	$SR15$	表	示	:											
12.	$t5$	表	示	:											
13.	$\angle$	表	示	:											
14.	$\frown$	表	示	:											
15.	圆	柱	度	的	符	号	:								

2. 解释下面符号的含义。（每空 1 分，共 12 分）

（1）$\boxed{//\;|\;0.015\;|\;A}$ 表示：_____。

其中"$//$"表示_____，"0.015"表示_____，"A"表示：_____。

（2）$\boxed{A}$ 表示：_____。

（3）某零件上一结构要素的长度尺寸标注为"$20_{-0.021}^{\;\;0}$"，那么它的最大值是_____，最小值是_____。如果在加工过程中，测量该要素尺寸是 19.91mm，请问是否合格：_____。

（4）$\sqrt{}^{Ra\,6.3}$ 表示：_____。其中"6.3"的单位是_____。

和 $\overset{Ra6.3}{\diagdown}$ 哪个物体的上表面更光滑：_____。

（5）$\overset{Ra3.2}{\diagdown}\big(\diagup\big)$ 解释这个符号所表达的含义：_____。

3. 仔细读题，完成下面各问题。（每题 1 分，共 13 分）

（1）直径是 75mm 的圆用符号表示为：_____。

（2）半径是 20mm 的球的整体，用符号表示为：_____。

（3）边长是 35mm 的正方形，用符号表示为：_____。

（4）直径为 12mm、牙型角是 60°的普通螺纹，其对应的符号为_____。

（5）正方形的边长最大不能超过 30.02mm，最小不能小于 29.9mm，请写出它的表达符号：_____。

（6）4 个相同的直径为 20mm 的圆，写出对应的表达方式：_____。

（7）□75mm ±0.05mm 表示正方形的边长最大可以加工到_____，最小可以加工到_____。如果这个正方形的边长一边是 75.049mm，另一边长是 74.993mm，这个正方形____合格。说明原因：_____。

（8）写出 A4 图纸幅面的尺寸：_____。如果该幅面图纸留有装订边，那么装订边一侧的宽度是_____，其他三边的宽度分别是_____。

4. 画图题。（1~5 题各 2 分，6 题 10 分，共 20 分）

（1）一个物体的表面粗糙度值是 $Ra3.2\mu m$，请画出与它对应的符号。字高为 3.5mm。

（2）一个物体表面的平面度误差不能超过 0.01mm，请画出几何公差的框格。字高为 3.5mm。

（3）一个物体的表面与另一个表面垂直，基准符号字母是 A，几何公差值是 0.05mm，请在空白处画出几何公差代号。字高为 3.5mm。

（4）画出边长是 35mm 的正方形。

（5）用直尺和圆规画出 ϕ20mm 和 ϕ30mm 两个同心圆。

（6）按要求完成下面各问题。

① 将右图中的所有尺寸填写在下面的方格中。

② 按尺寸在下面空白处抄画图示图形；

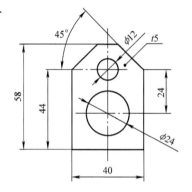

1.		6.	
2.		7.	
3.		8.	
4.		9.	
5.		10.	

主视图方向

③ 结合实体图，在下面的框中计算主视图的面积。

5. 根据下面的画图步骤画出图形。(第一题 5 分，第二题 10 分，共 15 分)

第一题：

步骤 1：绘制两条互相垂直的点画线，水平方向的点画线长度是 66mm，垂直方向的点画线长度是 45mm。

步骤 2：以点画线的交点为圆心、15mm 为半径再画一个粗实线圆。

步骤 3：用直尺画出长 60mm、宽 40mm 的粗实线长方形。

第二题：

要求：在下面绘图步骤中的括号中填写相应内容。配合使用直尺、圆规，按照下面的绘图步骤在框格中绘制直径为 ϕ50mm 的圆的内接正六边形。

步骤 1：先画互相垂直的点画线，交点为 O。

步骤 2：再以交点 O 为圆心、(   ) 为半径，画点画线圆；圆与互相垂直的点画线相交于 (   ) 点，依次为 A、B、C、D；A、C 为最左和最右两点。

步骤 3：分别以 A 点和 C 点为圆心，以 20mm 为半径，轻轻地画弧，得到 (   ) 个交点，命名为 Ⅰ、Ⅱ、Ⅲ、Ⅳ，令左下角为 Ⅰ，按逆时针方向依次为 Ⅱ、Ⅲ、Ⅳ。

步骤 4：依次连接 A - Ⅰ - Ⅱ - C - Ⅲ - Ⅳ - A，即得到正六边形。

6. 读图、绘图题。（共 25 分）

（1）请仔细识读下面的图样，有几个视图？写出视图的名称。请用文字在下面的方格中描述这个零件的空间结构形状。

视	图	数	量	:								
视	图	名	称	:								
描	述	空	间	结	构	形	状	:				

（2）图样中有几种线型？其中虚线表达的是哪个部分的结构？请用文字说明，填写在下面的方格内。

线	型	种	类	:								
虚	线	表	达	的	结	构	:					

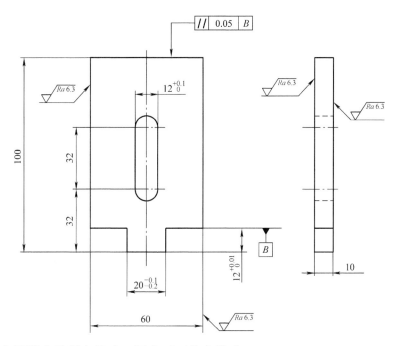

（3）请找出图样中的所有尺寸，写在下面的方格内。

（4）请找出图样中的几何公差和表面粗糙度代号，在下面方格中填写具体几何公差项目名称、几何公差值、基准符号字母以及表面粗糙度值。

（5）按照图样中所给定的尺寸以 1:1 的比例抄绘该图样，并进行标注。

综合练习 2

姓名：_____ 班级：_____ 时间：_____ 指导教师：_____ 成绩：_____

1. 仔细观察图 1~图 3，分别在方格内填写出所有的尺寸，并说一说有哪些几何公差，分别解释它们的含义。（共 40 分，尺寸占 15 分，几何公差占 25 分）

第 1 题：

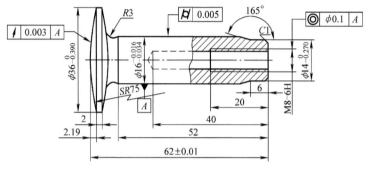

图　　1

尺　寸　:														
几　何　公　差　名　称　及　特　征　符　号　:														

第 2 题：

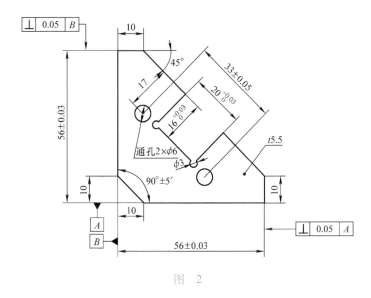

图 2

第 3 题：

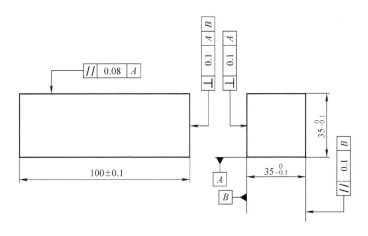

图 3

竖	直	尺	寸	:										
水	平	尺	寸	:										
直	径	尺	寸	:										
角	度	尺	寸	:										
倾	斜	尺	寸	:										
厚	度	尺	寸	:										

几	何	公	差	名	称	及	特	征	符	号	：							

第 4 题：

长	度	尺	寸	：			宽	度	尺	寸	：							
高	度	尺	寸	：														

几	何	公	差	名	称	及	特	征	符	号	：							

2. 按要求完成图形绘制。（共 15 分，第一问 6 分，第二问 6 分，第三问 3 分）

（1）在下面空白处按 1∶1 比例抄绘图 4 所示图样的主视图，并标注尺寸。

（2）用移出断面图绘制出 φ5mm 小孔所在位置的断面图，断面图的位置自定。

（3）用剖切符号表示出剖切位置。

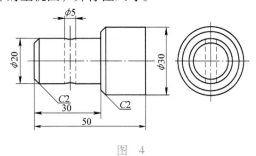

图　4

3. 用尺子测量图 5、图 6，按标准规定标注出尺寸各要素（测量出的尺寸取整数）。（共 5 分，少一个尺寸扣 0.5 分）

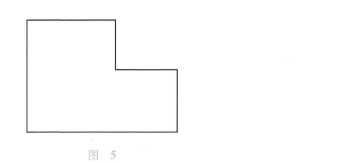 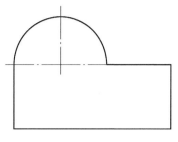

图　5　　　　　　　　　　　　　　　　　　　图　6

4. 按照图 7、图 8 所示实体上给定的尺寸，按 1:1 绘制出主视图、俯视图和左视图，不用标注尺寸。（共 16 分，每题 8 分）

第 1 题：

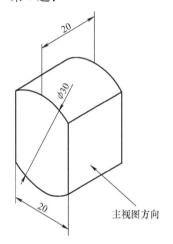

图　7

第 2 题：

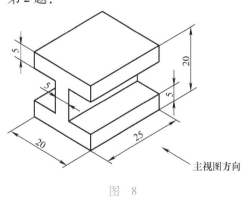

图　8

5. 图9、图10中哪个是重合断面图？哪个是移出断面图？填写在框格内。（共4分，每题2分）

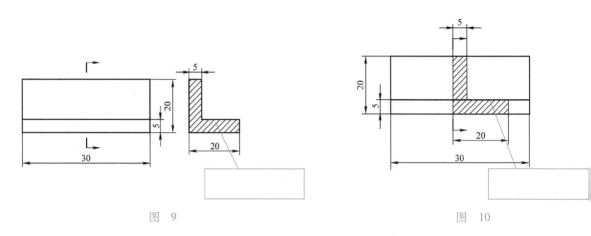

图　9　　　　　　　　　　　　　　　　　　　图　10

6. 分析图11、图12所示两个实体的不同之处，按尺寸1:1绘制两个实体图的俯视图并标注尺寸（主视图方向已经给定）。（共20分，每题10分）

第1题：

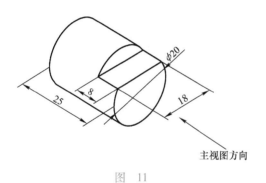

图　11

第2题：

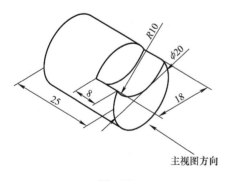

图　12

综合练习 3

姓名：_____ 班级：_____ 时间：_____ 指导教师：_____ 成绩：_____

1. 什么是徒手绘制图形？在机械行业中什么情况下需徒手绘制图形？将答案填写在下面的方格中。（2 分）

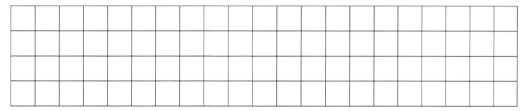

2. 根据所给条件徒手绘制图形并标注尺寸。（共 18 分，每题 3 分）

（1）$R35\text{mm}$ 的 1/4 个圆弧。

（2）$\phi20\text{mm}$ 的 3/4 圆弧。

（3）上底为 15mm，下底为 25mm，高为 10mm 的直角梯形。

（4）直径为 $\phi15\text{mm}$ 的球体。

（5）绘制长轴长度为 40mm，短轴长度为 20mm 的椭圆。

（6）绘制直角三角形。这个直角三角形的斜边与水平方向所成的角设为 β，$\tan\beta = 1/5$，且这个直角三角形的竖直方向的直角边长度为 15mm。

3. 根据标注的尺寸，徒手抄绘下面的图形，不用标尺寸。（共 30 分，每题 10 分）

（1）

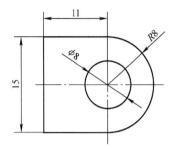

（2）

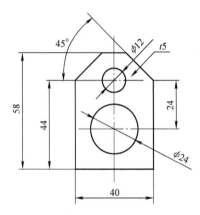

（3）

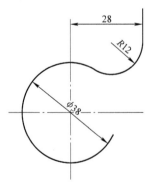

4. 目测尺寸，徒手抄绘图样，不标注尺寸。（共 20 分，每题 10 分）

（1）

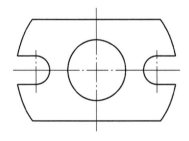

（2）

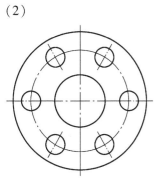

5. 仔细观察下面的图形，徒手绘制其主视图和左视图，尺寸自定，但要保证各个尺寸协调。（共 30 分，每题 10 分，每个视图 5 分）

（1）

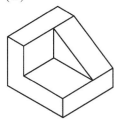

（2）

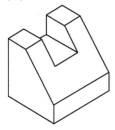

（3）

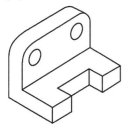

注：圆孔均为通孔

综合练习 4

姓名：_____ 班级：_____ 时间：_____ 指导教师：_____ 成绩：_____

1. 问答题。（共 12 分）

（1）为什么要对零件进行测绘？（2 分）

（2）零件测绘的第一手资料是什么？（2 分）

（3）什么是零件草图？（2 分）

（4）零件草图应该具备哪些内容？（3 分）

（5）简要写出画零件草图的步骤。（3 分）

2. 选择正确的断面图，在正确的断面图上画√。（共6分，每题2分）

（1）　　　　　　　　　　（2）　　　　　　　　　　（3）

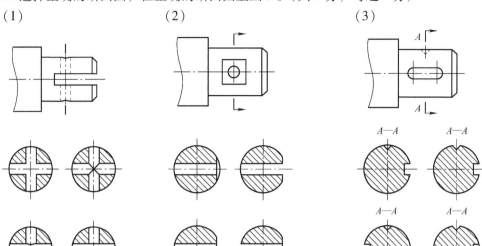

3. 分析并徒手抄绘下面的平面图形，尺寸自定并标注尺寸。（共10分，每图5分）

（1）

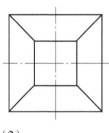

（2）

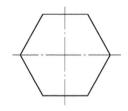

4. 分析立体图，徒手绘制三视图，尺寸自定，各要素要保持协调。（共24分，每个视图4分）

（1）

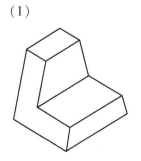

（2）

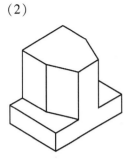

5. 仔细观察下面齿轮实体图，并回答问题。（共 20 分，每问 2 分）

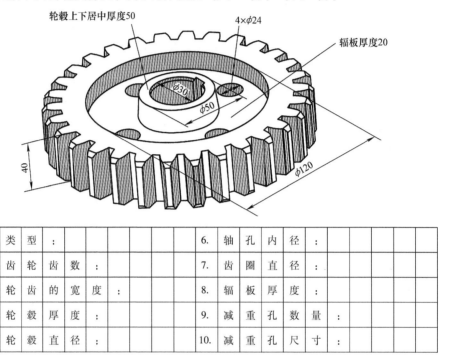

1.	类	型	:			6.	轴	孔	内	径	:		
2.	齿	轮	齿	数	:	7.	齿	圈	直	径	:		
3.	轮	齿	的	宽	度	:	8.	辐	板	厚	度	:	
4.	轮	毂	厚	度	:		9.	减	重	孔	数	量	:
5.	轮	毂	直	径	:		10.	减	重	孔	尺	寸	:

6. 徒手绘制模数 $m = 3$mm，齿数 $z = 17$，厚度 $b = 20$mm 的直齿圆柱齿轮的主视图和左视图。轴孔（无键槽）直径为 $\phi15$mm。（共 28 分，计算 6 分，徒手绘图 22 分）